电力SDH网络规划建设实践

戴睿 徐婧劼 等 编著

中国水利水电出版社
www.waterpub.com.cn
·北京·

内 容 提 要

本书主要介绍电力 SDH 网络的规划建设情况，力图从项目全生命周期的角度介绍电力骨干 SDH 网络在规划建设中的主要方法，并通过方法论和规划建设实例相结合的方式，深入浅出地介绍电力 SDH 网络规划建设过程中的要点和注意事项。全书主要内容包括电力 SDH 网络状态评估、电力 SDH 网络业务分析及预测、SDH 骨干网络在电力系统中的规划设计以及电力通信 SDH 网络建设实践等。

本书适合为电力通信从业人员在 SDH 系统规划建设方面的学习和工作提供参考，也可作为高等院校相关专业的学习和参考用书。

图书在版编目（CIP）数据

电力SDH网络规划建设实践 / 戴睿等编著. -- 北京：中国水利水电出版社，2022.6
ISBN 978-7-5226-0717-7

Ⅰ．①电… Ⅱ．①戴… Ⅲ．①电力系统－无线网
Ⅳ．①TM73②TN92

中国版本图书馆CIP数据核字（2022）第086829号

书　　　名	**电力 SDH 网络规划建设实践** DIANLI SDH WANGLUO GUIHUA JIANSHE SHIJIAN
作　　　者	戴　睿　徐婧劼　等编著
出 版 发 行	中国水利水电出版社 （北京市海淀区玉渊潭南路 1 号 D 座　100038） 网址：www. waterpub. com. cn E - mail：sales@mwr. gov. cn 电话：(010) 68545888（营销中心）
经　　　售	北京科水图书销售有限公司 电话：(010) 68545874、63202643 全国各地新华书店和相关出版物销售网点
排　　　版	中国水利水电出版社微机排版中心
印　　　刷	清淞永业（天津）印刷有限公司
规　　　格	184mm×260mm　16 开本　9.5 印张　231 千字
版　　　次	2022 年 6 月第 1 版　2022 年 6 月第 1 次印刷
定　　　价	**78.00 元**

本书编委会

主　编　戴　睿　徐婧劼

参　编　李成鑫　张　洪　王　炜　郭劲松
　　　　龚　薇　谢联群　罗　曼

前　言

　　光纤通信已广泛应用于现代通信领域，成为社会生活必不可少的通信媒介，而作为目前应用最广泛也最为成熟的光纤通信技术之一，同步数字体系（synchronous digital hierarchy，SDH）技术已在电网生产运行中起到了举足轻重的作用，成为电网最为基础的通信设施。相比于公网 SDH 系统，电力系统中的 SDH 通信网呈现出显著的电网依存性：光缆沿电力杆塔建设，网络拓扑结构主要取决于电网结构。因此，只有深刻了解电网自身的发展情况，才能对电力通信 SDH 网络进行行之有效的全生命周期管理。

　　SDH 网络全生命周期管理是指利用科学合理的评价方法体系，对现有网络的拓扑结构、带宽支撑能力、业务通道可靠性、设备和光缆运行情况、系统性隐患缺陷等方面进行全方位评估，之后对电网增量性业务需求进行分析预测，找出网络支撑这些增量业务需要达到的状态与现有状态之间的差异，根据这些差异对网络进行规划建设，再在规划期内对网络进行运行维护。规划期后又对网络进行再评估、业务再预测、网络再规划、再建设、再运维，不断迭代。电力通信 SDH 网络全生命周期管理也遵循如此规律。

　　电力 SDH 通信网络对电网安全稳定运行起到的支撑作用主要体现在两个方面，一是对电网生产管理业务通信通道的可靠性保障；二是满足电网增量业务的带宽需求。电网对其生产管理业务的可靠性要求极高，因此做电力通信 SDH 网络主要是增强其拓扑健壮性、设备运行安全性以及业务通道的冗余度，从而达到继电保护、安稳控制、调度自动化、调度交换、办公自动化等生产管理业务的通道可靠性指标。同时，随着电网的智能化发展，大数据、云计算、增强现实、虚拟现实、智能机器人、无人机等技术的深化应用，电网对 SDH 通信网络的带宽需求迅猛增长，如何对网络进行有效扩容，也是电力通信 SDH 网络规划建设的重要内容。

　　电力通信 SDH 网络的规划建设工作是艰巨的，不仅仅是因为电网本身的拓扑约束，光缆纤芯、站点屏位、电源等基础资源的匮乏与增加这些资源的困难，更在于网络改造过程中为确保电网业务安全稳定运行所采取的保障措施。从光路扩容，到设备更换，再到拓扑改造，都会涉及大量的业务割接工作，这就要求网络的规划建设施工方案有极高的精确性和极细的颗粒度，从而使之具有较高的可操作性。然而到目前为止，并没有一本全面介绍电力通信SDH网络全生命周期运营管理，尤其是详细介绍电力通信SDH网络规划和具体施工建设方法的书籍。

本书根据作者多年电力通信SDH网络的运营经验，对网络后评估、业务需求分析预测、规划和建设等方面进行阐述，力图从项目全生命周期角度介绍电力通信SDH网络在规划建设中的主要方法，并通过方法论和规划建设实例相结合的方式，深入浅出地介绍电力通信SDH网络规划建设过程中的要点及注意事项。本书以电力通信SDH网络运营全生命周期为主线，环环相扣，层层递进，目的是让读者系统地学习到电力SDH网络规划建设的理论知识和应用情况。

由于作者水平有限，编写时间较为仓促，书中内容难免会出现错误、疏漏和不当之处，敬请读者批评指正。

作　者

目　录

第1章 绪 论

电力公司通信专业存在的主要目的是为电网生产管理提供通信技术支撑，确保其安全可靠稳定运行。因此，做好通信工作除了需要把握通信运营的主要规律以外，还必须研究电网需求，对通信系统进行定制化运营，在把握好通信工作主要脉络的同时在工作流程各环节寻找亮点。作为电力系统使用最为广泛，承载业务最多，也是规模最大的通信系统，同步数字体系（synchronous digital hierarchy，SDH）网络的运营也遵循电力通信的基本工作流程。只有从梳理电力通信各环节出发，准确分析 SDH 网络承载业务需求，评估网络现状，制定规划设计方案，合理施工，才能有效地开展电力 SDH 网络规划建设工作。

1.1 电力通信工作流程

电力通信系统是电网最重要的支撑系统之一，是确保电网安全、稳定、可靠运行的基础。为实现电力通信系统的健康运行和可持续发展，必须有目标、有计划、有步骤地开展电力通信生产管理工作。与电信运营相似，电力通信工作是一个流程化的迭代过程。典型的工作流程主要由业务需求分析预测、通信规划、系统建设、运行维护以及成效评估等活动组成，如图 1-1 所示。其中，业务需求分析预测是通信工作的第一步，驱动和指导其他活动的进行；通信规划以业务需求和通信网评估结果为输入，为系统建设提供可操作方案；运行维护是实现系统支撑功能的最终手段；成效评估对规划期内的网络覆盖率、可靠性和资源利用情况等方面进行总体评价，为下一规划期的规划建设以及运行维护提供依据。

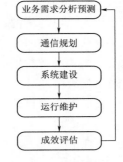

图 1-1 通信工作
一般流程

电力公司通信工作一般以五年为一个周期，于每个周期的第一年对未来五年工作做总体部署。同时，根据业务需求的变更情况，会对规划进行滚动修编。无论哪种情况，都必然会依次经过业务需求分析、规划设计、建设运维以及系统后评估等阶段。

目前，各电力公司正处于"十四五"规划第一年，因此需要从后评估"十三五"期间 SDH 电力通信系统对电网业务的支撑情况入手，总结经验，分析需求，深挖问题，为"十四五"规划工作提供指导性建议。长期以来，电力公司在进行通信网络业务需求分析预测时存在一种误区，就是把业务需求等同于带宽需求。其实，业务需求不仅仅指电力生产管理业务对通信系统的带宽需求，还包含对通信网络服务质量的要求，比如可靠性、时延、抖动等指标，这些指标直接影响电网的安全运行（如保护、稳定控制、安全控制业务对时延的要求）和电力生产管理用户的体验（如电视电话会议系统的 QoS 要求）。因此，需要将通信系统后评估以及需求分析工作的重心从单纯对业务量带宽

1

的测量预测工作转移到对电力通信业务综合指标体系的研究上来。本书将从电力通信网成效评估、需求分析、通信网络规划建设等方面简述电力通信需要做的主要工作。

1.2 电力通信网络成效评估

目前,电力公司通信规划管理部门主要是从投资完成情况、资产及网络规模变化情况、网络运行情况等方面对规划执行情况以及执行效果进行描述分析。其中,建设规模是分析通信网规划合理性、可行性和科学性的一个重要判据。如何科学评价地区电力通信网建设的规模,进而指导资金合理部署,促进通信网与电网、通信网各网络层级的协调发展,发挥电力通信网建设的最大综合投资效益,是目前通信规划管理部门面临的一个重要专题。对于公司通信专业而言,要做到与通信规划管理部门和机构的良性沟通,了解电网发展情况,为通信网建设提供直接依据。

电力通信网运营其实主要是保障其可靠性。由于电力通信网最重要的任务是确保电力生产管理业务的安全稳定运行,因此通信网的可靠性是成效评估需要关注的首要问题。长久以来,通信专业对通信网可靠性的认识方面感性化和碎片化现象严重,缺乏系统思考,头痛医头脚痛医脚,未从整体上掌控通信网对业务的支撑能力,在做决策时普遍"拍脑袋",没有量化数据做支撑,导致系统安全隐患较多,随着网络规模的扩大,处理难度也不断加大。

目前,尽管电力公司 SDH 通信网在网络覆盖范围、带宽能力和可靠性方面都有质的改变,但仍存在很多普遍性问题,比较突出的主要有以下几点。

(1) 对网络可靠性的认识停留在感性层面,经验主义泛滥,被动进行运维。首先,目前通信人员对网络的可靠性认识基本来源于经验,通过故障记录定性评价某个设备、某块板卡或某条光路的可靠性,哪儿薄弱就补哪儿,但怎么补、在哪儿补、补多少,都凭经验做出决定,没有数据支撑。其次,现有运维方式都是对网络做局部处理,哪儿有故障哪儿有隐患就对哪儿进行加固,对网络修修补补,缺乏全局考虑和系统规划。此外,当前运维模式依旧属于"亡羊补牢"型,故障发生后再更换故障板件,配置临时路由,往往要花费大量的时间成本和人力成本,效率也不高。需要开发网络预警系统,利用传感技术对设备、线路的温度、湿度、光功率等性能指标进行监控,全面掌握网络健康状况;在此基础上,利用整数线性规划方法评估网络的整体可靠性,并以各类电网业务的可靠性要求为约束,建设运维成本为优化目标,自动生成备品备件库和各类业务的最优路由,增加网络裕量,变被动运维为主动运维。需要指出的是,网络元件出现故障时往往需要从备品备件库调取备件,但是由于备品备件安排和部署不合理,在元件故障时经常找不到备件,同时各属地化运维机构也缺少备件,极大影响了故障的处理速度。通过科学手段评估和优化现有网络,可以较为准确地在合适的地点部署合适数量和种类的备件,提升系统恢复速度。此外,采用线性规划手段还能自动生成通信业务运行方式,从而提高通信方式和运维工作的效率。

(2) 现有 SDH 通信设备对电网业务的特性化服务效果不佳,缺乏定制化设计。目前,电力通信系统主要利用光传输设备、数据通信设备、无线通信设备、光接入设备等传统通信设备为电网业务提供信息交互通道。然而，一方面传统通信设备主要面向电信运营网络设计，可移植性不高，在实际生产过程中，往往难以满足电力系统对其生产管理业务的高可信要求（即安全、可靠、可扩展），成为了长久以来困扰电力通信业界的一大问题；另一方面，现有电力通信系统存在设备种类多、设备厂家多、网络业务数量和种类多、网络连接关系复杂等特性，网络缺乏统一的自动化管理和控制平台。当出现系统故障、网络升级改造、增加或删除资源等情况时，网络管理人员都需要进行大量的人工配置和确认，这不仅给网络的管理带来了巨大的工作负担，还不能保证网络的可靠和安全运行。因此，十分有必要深入研究电网各类业务的行为特征，定制化设计出一套与电力业务紧耦合的高可信智能通信系统。

（3）核心网络拓扑变化频繁，无法固化。受基建项目影响，SDH 光传输系统主环网经常开 π 接站，导致核心网络节点数过多，可靠性降低。此外，主环频繁开 π 检修也对网络安全运行造成很大风险，造成运维效能降低、运维成本增加、运维压力增大的问题。需要向相关机构、部门了解电网发展情况，提前应对电网发展变更对网络的影响，核心网络拓扑结构要尽量固化。核心网络拓扑变化频繁是导致网络运维问题的重要原因之一，对于光传输系统而言，采用 SDH over OTN、光纤切换等技术实现 SDH、OTN 网络核心光路的多重保护，是应对电网拓扑变化的有效手段。

（4）生产业务和管理业务资源混搭使用，业务承载界面不清晰。目前不少公司 SDH 光传输系统在业务层面上缺乏逻辑划分，生产业务和管理业务承载界面并不清晰，带宽资源混搭使用。由于生产业务和管理业务在业务流向、带宽需求、时延、抖动等方面存在巨大差异，两类业务资源划分不清将直接加大传输网络规划和运维难度，因此生产业务使用资源和管理业务使用资源需要逐渐解耦合，充分发挥 SDH 网络双平面功能，从而实现电网业务和电力通信网的最大适配。为实现生产业务和管理业务的解耦合，减少建运代价，必须首先对公司通信网络拓扑、时隙、交叉容量等资源进行全面梳理，然后根据业务的需求变化情况求解多个复杂的组合优化问题，采用整数线性规划、组合优化算法、启发式算法等工具科学实现电力通信系统的解耦合策略，从而达到网络成本、可靠性以及实现代价的充分优化。

（5）设备更迭和拓扑改造需求频繁，业务割接难度大风险高。2021 年是国家"十四五"规划开局之年，由于历史和国际原因，各电网公司在优化自身 SDH 网络时，都发现相当一部分设备存在老化停产现象，其故障率随运行年限增长而急剧攀升；并且，多数老化设备已经停产，没有备件支撑，故障后无法进行板件更换，因此亟须更换这些老旧设备。同时，现网还存在很多国外品牌设备，这些设备在国产化进程中也需要逐步替换。此外，网络拓扑的优化改造也是一个不断迭代的过程，将产生设备的更换和网元连接情况的变更，从而造成大量的业务割接。在运行设备频繁的更迭和网络拓扑日益迫切的优化改造需求之下，对应着业务割接的高难度和高风险，因此需要从电网运行安全、工作量、资源配置、检修流程等方面综合考虑，才能确定正确高效的光路及业务割接时序，以确保设备更换和拓扑改造工作顺利进行。尤其对于承载业务等级高、范围广、数量多的老旧设备更替和牵涉多台核心设备的拓扑改造工作来说，不仅涉及大量的业务梳理，业务路由临时和永久运行方式编制，以及复杂的光路和业务割接，还需要进行光缆、机房屏位、电源等资

3

源勘察,同时还要应对复杂的检修流程、人员调配协调,从而完善施工计划,保证工作平稳推进,这对网络运营人员的规划水平、建设水平和运维水平都提出了极高的要求。

(6) 光传输系统管控亟须优化。随着网络规模扩大,不少公司 SDH 网络由于网元 IP 地址规划不合理,使得带内 ECC 通道阻塞,经常导致大量网元脱管,极大影响了系统管控。尤其是在网络发生故障时,网元脱管不仅影响故障排查,而且无法通过脱管网元对受影响业务进行路由迂回,严重影响网络安全稳定运行。因此,根据各 SDH 设备品牌的产品特征,合理规划其网络管理系统,是 SDH 网络规划必须思考的重点问题。

(7) 同步时钟系统可靠性有待增强。"十三五"以来,各省级以上电网公司 SDH 网络规模迅速扩大,然而有相当一部分公司 SDH 同步系统为单时钟系统,即采用线路抽取时钟的方式完成全网同步,网络中所有网元主要从公司中心站设备提取时钟。对于较大的网络来说,环网中时钟抽取的最大级数已超过 ITU-T 规定的 8 级建议级数,逼近 20 级的最大门限。"十四五"期间,网络规模将进一步扩大,时钟级数还会不断增大,将直接影响新接入站点的同步质量,使得业务无法正常运行。同时,节点数增加还会增大时钟计算复杂度,当网络出现故障而重新计算时钟时会引起全网时钟系统震荡,将严重影响电力 SDH 通信网乃至电网的安全稳定运行。在某省公司的网络运行过程中,已出现片区业务瞬断和片区时钟质量下降等情况。此外,还必须特别注意老化设备对时钟系统的影响。随着运行年限增长,设备容易出现晶振老化情况,从而导致时钟失锁,质量下降,如果时钟信号持续劣化,不仅将影响承载于故障设备的业务,还将影响向故障设备抽取时钟的设备上的业务,造成片区性业务中断,可能造成极其严重的安全生产事故。因此,亟须从网络规模和设备运行状态两方面出发,改造现有同步网络,使其满足安全生产需要。

(8) 基础资源紧缺,网络建设存在瓶颈。在 SDH 网络建设中,需要考虑光缆纤芯、通信机房屏位以及通信电源容量三大基础资源。随着电网业务需求的日益提高,网络容量和规模也需要不断扩大,但目前纤芯资源不足、屏位不够、电源容量不达标已成为电力通信网建设的普遍问题。因此在规划过程中,必须在网络建设中考虑足够的富裕度,尤其是光缆纤芯的余量,以保证两个及以上规划期建设工作的基础资源供给。

总之,网络评估不是最终目的,评估的作用是总体把控通信网络的整体业务支撑能力,找出网络薄弱环节,利用科学工具,系统思考解决方法,指导网络新建、升级、改造、扩容等工作,从而减轻运维压力,增强系统健壮性。具体来讲,需要首先研究电力通信网络可靠性评估模型,然后提出相应的改进电力通信网络可靠性的机制。改进电力通信网络可靠性的方法有两个:一种是直接调整业务的运行方式;另一种是通过更换或升级网络设备单元来提高网络设备的可用性(这将从整体上解决备品备件库的问题)。第一种方法不需要投入新的成本,就能提高网络的可用性;而第二种方法能直接提高网络的可用性,在第一种方法无法保证网络可用性要求的情况下,这是必须使用的方法。通信网络可用性评估及可用性改进机制涉及一些数值计算和组合优化问题,本书将在后续章节做简要介绍。

1.3 公司通信业务带宽需求分析预测

通信网络中的带宽分配、流量控制等,在不同程度上都依赖于网络业务带宽预测。提高业务预测水平，能够为电力通信网络线路的合理安排和规划提供数据依据，有利于降低通信成本，是电力系统网络规划决策、经济运行的前提和基础。电力通信部分业务与公网业务一样面临分组化的发展方向，如何适应分组业务的传送，同时发挥传送网高带宽、大管道传送效率的优势是需要解决的问题。

电力通信业务流量模型电力通信网络流量的统计特征有自相似性、多分形性以及周期性、混沌性等。针对电网不同业务的流量特点和参数属性，建立合适的流量模型，一个能够准确、有效地描述网络流量特性的流量模型，对 QoS、网络性能管理等都有重要的意义和作用。

随着智能电网的发展，电力通信业务的种类和数量逐渐增多，业务流量急速增长，这给网络的性能管理、网络的具体部署和应用、网络的测量评估和维护都带来了巨大的挑战。因此，亟需对智能电网通信业务流量展开研究，构建准确的业务流量模型，使人们更加清楚和深入地了解网络特性，进行精确的网络流量和网络性能的测量、评估和预测等，进而根据流量模型所显示的内容对具体网络的参数进行调整和部署，规避风险、提高网络利用率等，对于智能电网的建设、智能电网通信网的运行和智能电网业务的更好开展发挥积极的作用。

由于智能电网通信网其本身所具有的复杂的特性以及网络流量模型研究的抽象性等原因，目前并没有出现一个比较适合具体智能电网通信网的流量模型，对于期待中的智能电网通信网的网络性能测量、评估、预测等并没有很好地实现。因此，需要研究智能电网通信网的具体通信环境、具体业务和各种需求指标，具体分析和高度抽象，建立符合智能电网通信网流量特性的流量模型，对于未来的智能电网通信网的运营和各种智能电网业务的良好开展做出有力的技术推动和支撑。

1.4 网络规划建设

电力通信网是实现电力系统安全可靠运行的重要基础，合理规划、优化电力通信网，可以使电力公司有效管理网络的同时，实现网络的高可靠性及低成本运行。电力通信网络主要为各类电力调度管理部门、变电站以及发电厂提供信息传输服务。随着电网规模的不断扩大和现代通信技术的快速发展，电力通信网络的结构也日趋完整和复杂。因此，如何优化网络结构，配置网络资源，提升网络的可靠性、可用性、安全性、可扩展性、灵活性和鲁棒性等指标，是确保电网安全、稳定、经济运行，提高电网公司生产管理水平所必须要解决的问题，具有重要的社会、理论和现实意义。

大型电网公司信息通信网络是跨区域、跨层次的综合电力通信系统。参考 OSI 标准模型，公司通信网可划分为物理网、传输网、数据网、业务网、承载网等部分。其中，物理网基本上通过光纤架设，辅以电力线、微波、卫星等形式组网。传输网采用 SDH、OTN、PTN 等技术体制组建。数据网主要承载自动化生产业务以及公司管理业务，由调度数据网和数据通信网两部分组成，目前按照 IPv4 协议组网。随着电力 IP 网络规模的扩大和安全需求的迫切增长，数据网的规划建设正在向 IPv6 体系过渡。业务网络一般为继电保护、安控、自动化远动、调度电话、行政电话等生产业务提供通信通道，主要采用光纤通信、

SDH 复用 2M 和 PCM 等技术。承载网分为网管网、同步网和信令网：网管网提供网络管理支撑；同步网为 SDH 网络、程控交换网络和自动化系统提供频率/时间同步功能；信令网的主要作用是传输程控交换网络的带外信令。

目前，物理网（主要针对光缆架构）、传输网和数据网是构成公司电力通信网的核心，研究这三类网络的优化问题一直是通信网规划建设的重中之重。需要从规划公司业务体系架构出发，重点关注电力光缆架构、光传输网络和数据网络的优化设计问题。在此基础上，进一步探究不同类型通信站点的设备配置标准原则，确定省内通信网技术政策、传输网承载方案、业务承载方式及业务承载分类原则。本书主要介绍电力 SDH 光传输网络规划。

1.4.1　SDH 网络规划基本方法

电力 SDH 光传输网属于骨干通信网，主要用于承载电力调度及生产实时控制业务，对整个电力系统的安稳运行起着至关重要的作用，各级电力光传输网要求实现互联互通。然而，目前电力网络仍存在一些问题，如 110kV 以下站点光纤覆盖率低，部分光缆纤芯紧张，个别光缆承载保护业务过重等，这对电网的安全运行带来了较大风险。因此，对电力光传输网的改造和扩建亟须进行。为保证网络建设的经济性和可靠性，需要进行合理的规划设计。通信线路规划是网络规划设计的一个重要内容，是指在已知新增站点位置的基础上，结合原有的网络结构和业务分布，确定最佳的光缆部署方案。可以通过建立数学规划模型，并利用启发式算法求解问题模型的方式研究 SDH 光传输网络的优化问题，从而量化指导公司 SDH 网络规划和建设工作。

主要步骤如下：

（1）建立光传输网络数学模型。随着智能电网的发展，电力通信传输网络的规模也随之增大，通信站点和线路逐渐增多，网络结构日趋复杂，这对网络规划优化带来了巨大挑战。因此需首先研究构建光传输网络的数学模型，用来理清网络中各个资源之间的关系，作为规划优化的基础。具体方法是首先以图的结构对光传输网进行建模，图的节点代表通信站点；图的边表示通信线路，其权值代表线路的建设成本。其次以全网建设成本为目标，以站点成环率、业务分布等因素为约束条件，构建一个多目标优化问题模型，这样可以兼顾规划方案的经济性和可靠性两大指标。

（2）量化网络可靠性指标。主要利用通信网络成效评估工作中网络可靠性的计算方法。目前，网络设备（节点/链路）的可靠性通常用单位时间内设备正常工作的时间与总时间的比值来表示，而逻辑层面上的网络可靠性（如拓扑结构、重要站点通道数等）尚未有统一的量化方法，因此需对电力光传输网逻辑层面上的可靠性进行量化。站点成环率是电力通信网中的一个重要可靠性指标，成环站点可以保证其业务在物理上具备双通道的条件，因此本书将站点成环率纳为量化可靠性的因素之一。同时，还将考虑光放大技术以及光切换技术对网络可靠性的影响。

（3）利用启发式算法求解问题模型。在得到光传输网线路规划数学模型之后，需要选取相应的算法对其进行求解。由于线路规划属于多目标优化问题，传统的数学算法无法解决此类问题，而启发式算法在解决此类问题时表现出良好的性能。在众多启发式算法中，免疫算法能够根据所求解问题的特点，构造出"全局疫苗"，从而提高算法的收敛速度。对应到 SDH 网络中，网络的业务分布可以用来构造"疫苗"，可选用免疫算法求解问题模型。选择求解过程中需要设计算法的抗体使用度函数、选择算子、全局疫苗等，之后可通过反复迭代得到最优结果。

（4）考虑通信业务需求。业务数据流量是线路规划需要考虑的另一个因素，在业务集中的区域应考虑多建光缆，通信频繁的厂站之间应该建立直连光缆线路，从而减少业务数据的路由距离。

总之，电力 SDH 通信网优化是提高网络可靠性的前提，是加强通信建设、运行、技改、检修等全程管理最有效的措施之一，它可保证各项通信工作高效开展，达到通信资源的最优配置。"十四五"期间，公司通信网的发展面临多方面的机遇和挑战。特高压网架的建成，既要求通信网络给予坚强的支撑，同时也给通信网整体架构的完善和拓展带来了机遇。信息化向建设与运行并重转变，更加注重对企业运营管理的支撑和服务质量的提升，以传输网、数据网为核心的通信网络既要考虑对站点和用户的覆盖，同时也要在质量保证上提供更有力的支撑。电网公司管理变革也将驱动专业管理组织架构逐步演进，SDH 通信网的管理层级发生变化，配套的网管、资源配置等需要按需调整。在这样的背景下，必须对公司 SDH 通信网现状、业务特征、管理体制以及未来通信技术等方面进行深入研究，才能把握网络发展的脉络，实现网络的优化管理。

1.4.2 同步网规划

电力系统是由发电、输电、变电、配电和用电等基础设施组成的电能生产与消费系统，同时还包含了保证上述电力基础设施安全运行的二次保护、智能控制、监测、远动、通信等辅助系统，是现代社会中最重要、最庞杂的工程系统之一，是关系到国计民生的国家基础性系统。整个电力系统的监控管理、安全高效运行、综合服务能力和可持续发展都离不开通信手段，作为电力系统的支撑保障性网络，电力通信网负责完成各种信息准确、高效、可靠地传送和处理。从电力通信网发展来看，将以现代化的通信传输技术、信息交换技术、电子控制技术和计算机处理技术等先进技术为手段，最终形成具有满足多种业务需求的数字化、综合化、智能化、高可靠的电力通信网。无论是电网自身，还是作为基础支撑网络的电力通信网，为了确保其安全可靠运行，都需要精确稳定的频率同步和时间同步，其中，电力通信网需要 $nE-12$ 量级的频率精度以及端到端 $5\mu s$ 量级漂移噪声的频率同步，电网的保护、安控、自动化等系统需要高达微秒量级的高精度时间同步，各种网管系统、计算机信息系统及部分通信设备需要毫秒量级的普通精度时间同步。

在频率同步方面，根据数字通信设备的基本工作原理及滑动产生机理，在各种具有缓冲存储器的数字通信设备中，当网络上下游设备存在频率偏差时，将可能产生滑动损伤，进而导致数字信号中丢失或插入若干信号源，影响正常通信。为了避免周期性滑码和随机性滑码，通信网内运行的所有数字设备必须工作在一个相同的平均速率上，并且，必须保证所有通信连接的网络漂移不超过 $18\mu s$。在电力通信系统中，SDH/MSTP 传输系统、交换系统、数据网络、视频网络等均需要实现频率同步，以确保电力通信网所承载的包括电话、传真、数据、图像等各种业务的性能和质量。因此，频率同步网作为基础支撑网络，是通信网必不可少的组成部分。它是面向传输网和各种业务网提供高质量高可靠的定时基准信号、保证网络定时性能质量和通信网同步运行的关键网络。

在时间同步方面，由于电网正常运行所需各业务系统需要有统一、精确的相位同步基准，因此电网中各级调度机构、发电厂、变电站中的保护、安控、自动化设备及通信设备、通信网管系统、信息系统等均需要实现时间同步，其中，保护、安控、自动化设备对时间精度要求高达微秒量级，而通信网管系统、信息系统等对时间精度的要求为毫秒量级。因此电力时间同步网是电网正常运行的基础支撑网络，是保障各种电网业务正常运行的重要手段。随着智能电网建设的不断推进和电网规模的不断壮大，需要时间同步的业务种类逐渐增多，对时间同步性能也提出了更高的要求。

近年来，SDH/MSTP 和 OTN 等新技术在电力传输网中得到了广泛应用，对频率同步网在稳定性和同步质量上都提出了新的更高要求，传输设备时钟要求精度由 PDH 的 ± 50ppm 提高到 SDH 的 ± 4.6ppm，以及网络端到端 24h 漂移限值从原来网同步定时链路的 $10\mu s$ 提高到现在同步网定时链路的 $5\mu s$ 等。随着智能电网建设的不断推进，电网电压等级不断提升，装机容量不断扩大，以及区互连区域电网的互连度提高等，电网业务对时间同步的需求也提出了时间精度优于 $1\mu s$ 的更高要求。

同时，目前在各级电网的调度机构和变电站（发电厂）虽已部署了时间同步系统，但尚未组成时间同步网。随着电网和电力通信网的不断发展演进，特别是特高压和智能电网的不断推进，目前孤立的时间同步系统已经显示出不适应当前电力业务发展需要的问题，比如存在时间同步源安全稳定性不高、时间同步性能缺乏监控管理等诸多问题。究其原因，首先，时间同步系统主要依赖于卫星授时系统，特别是大量采用了美国的 GPS 授时终端，2011 年前后才开始采用北斗卫星授时终端，还没有形成地面授时的时间同步网。其次，时间同步网和频率同步网分别建设，独立进行维护管理，不仅网络资源综合利用率不高，而且监控管理效率也较低。

电网的安全稳定运行既有频率同步的需求又有时间同步的需求。为了满足高标准、高可靠的时间和频率同步需求，保障各种电网业务的安全稳定运行，同时也为了从根本上解决目前电力同步网标准体系不完整、缺少统一规划和统筹建设所带来的诸多问题。

1.4.3 网管网规划

按照通信网络的功能，可以将通信网划分为传输网、业务网和支撑网三大类。在以往的发展过程中，无论是运营商还是通信专网，在网络建设和发展初期，根据管理层级的不同，各地区网络基本都以独立建设为组合，网管系统的管理能力、监控范围、部署模式等都呈现出不统一、不均衡的现象，数据传送网络（data communication network，DCN）是承载网管信息的核心通道，网络的可靠性对网管系统的监控管理范围、信息采集发送的及时性等有重要影响。随着通信网络规模的不断扩大和技术复杂性的持续提高，网络管理系统不互通、管理功能分散的网络管理格局已经呈现出慢慢改善的趋势，只有使用更完善的网络管理技术和管理方案，才能实现高效地实现对通信网络性能的全面保障。

因此，需要以电力通信系统为基础，根据网管系统发展趋势和各级电力通信网络的不断变化，结合传输网的架构和设备类型、业务网的演进发展、支撑网的优化整合等工作，统一分析研究电力通信网管网的网络架构、关键技术、安全防护策略等，规范 DCN 建设标准，理清网络管理层级，提高网管运行可靠性，解决生产运行中存在的实际问题。

1.5 电力通信系统建设

在进行电力通信系统项目建设时，需要结合公司通信项目特征，从项目管理的五大过程组（启动、规划、建设、控制、收尾）和十大知识领域（整合管理、范围管理、进度管理、成本管理、质量管理、人力资源管理、沟通管理、风险管理、采购管理、干系人管理）出发，研究如何有效进行通信项目集中管理，梳理通信项目操作流程，控制项目进度、管理项目文档、处理项目变更等问题，从而实现电力通信工程全生命周期的科学管理，提高公司通信项目管理效能。

电力通信系统施工建设主要关注如下几个方面。

1. 项目目标

以"统一标准、集中管控、分级负责"为总体思路，坚持"统一规划设计、统一技术标准、统一建设管理"的基本原则，根据公司相关规定和文件要求，按照工程里程碑计划，建设"安全可靠、经济合理"的优质工程。

（1）安全文明施工目标。贯彻"安全第一，预防为主、综合治理"的方针，遵守公司电力安全工作规程，落实各级安全生产责任制，杜绝违章作业和各类安全隐患，不发生人身事件，不发生因工程建设引起的电网及设备事件。

（2）质量目标。严格按照公司通信项目的管理办法做好项目建设的全过程管理，工程质量符合设计、施工和验收规范要求，实现零缺陷移交。

（3）进度目标。严格按照投资计划下达的项目里程碑计划，有序推进项目建设，确保工程按时完工。

（4）投资目标。深入优化工程技术方案，合理控制工程造价。最终投资经济合理，不超过可研批复概算。

（5）档案管理目标。工程档案应与工程建设同步形成，实现档案工作程序化、管理同步化、资料标准化、操作规范化、档案数字化。工程档案应齐全、完整、规范、真实，归档及时。

2. 项目组织

一般而言，电力通信工程建设组织可由项目领导组、项目推进组、技术督导组以及项目管理中心等部分组成（根据项目具体情况，项目建设组织结构可做调整）。

其中，项目领导组主要依据相关政策法规指导租赁项目开展，明确项目实施整体目标和方向，协调解决跨专业、跨单位的重大问题。项目推进组负责对项目进度、预算、质量、风险进行总体控制；负责协调工程建设专家组成技术督导组；负责沟通项目实施过程中引起的通信检修工作；负责与项目相关方协调项目推进过程中出现的各种问题；负责项目技术路线的确定；负责组织项目的技术规范书、技术方案的审查；负责对项目实施质量进行管控；负责指导项目管控组日常工作；负责组织项目的验收工作。技术督导组负责项目技术路线的确定；负责项目技术方案的审查；负责项目实施质量的管控。项目管理中心负责项目的具体实施，一般会下设总体管控组、资料组、进度管控组、综合组等小组。具体如下：

（1）总体管控组。负责具体落实各项工作部署；负责对项目进行全过程管控；负责建设阶段的总体协调工作；负责定期组织召开例会；配合完成项目的竣工验收工作。

（2）资料组。负责项目全过程资料管理，包括可行性研究、初步设计、设计施工图、设计竣工图、施工资料、运行资料、监理资料、结算资料、决算资料等。

（3）进度管控组。负责项目实施进度全过程管控，包括项目设计管理、招标管理、到货管理、施工进度管理、验收管理以及实施问题协调管理等。

（4）综合组。负责项目推进情况相关资料编写；负责项目相关方进度统计分析及进度报告管理；负责项目相关方的考核评价。

3. 项目管控

（1）进度管控。

1）项目例会制度（一般为周例会或双周例会）。定期总结项目实施情况，由项目管控组组织会议，掌握项目进度及落实情况，并对工作进行总结回顾，及时解决各项问题，部署下阶段工作。

2）问题汇报制度。项目管控小组定期（一般至少一周内会召开一次，甚至每天召开一次）召开小组会议，对项目推进过程中出现的问题进行搜集整理，并及时沟通协调解决。

3）编制项目管控资料。从项目提报招标、技术规范书审查、物资（设计/施工/监理）中标、合同签订、物资到货、实际开工、试运行、实际投运、验收、结算、决算、决算审计、资料归档、运行资料移交等方面对项目进行全过程管控。

（2）资料管控。

1）强化资料管控，编制完成各专业归档目录。

2）实施"档案同步"管理。强化工程开工与电子档案管理同步启动、工程实施与过程资料同步监控、工程完工与结算资料同步入库、工程纸质资料与电子资料同步验收归档管理，通过资料有效监控工程项目实施过程，确保工程进度数据真实可信，档案资料规范、完备。

3）对项目资料和运行移交资料进行抽查，对质量不合格者提出通报批评，并责令限期整改。

（3）质量管控。

1）实行督导组抽查制度。在项目建设的关键节点，督导组负责对项目相关方实施情况进行检查，核实项目进度，检查工程的安全和质量。

2）强化奖惩考核制度。项目管控组对项目建设质量好、管理工作有创新的组织或个人提出通报表扬或给予物质奖励；对实施进度存在严重差异或项目实施出现重大安全、质量事故的组织或个人通报批评，限期整改。

4. 项目实施注意事项

（1）项目实施前准备。

1）项目实施方需合理安排通信检修计划，专业内涉及一次检修的须提前向业务部门报备，涉及线路光缆架设的须提前向各级调控中心申报一次停电检修计划。

2）项目建设过程中涉及业务割接和运行方式变更的，为保证网络与系统运行稳定，要提前做好相关的业务迁回及系统测试、应急回退等工作。

3）现场施工地点在非公司管辖区域时，需与区域管辖方进行协商，提前解决与其他单位有施工冲突、受阻而延误工期的问题。

4）确保设备及时备货、按需分批供货、并严格进行出厂测试。

（2）加强项目实施管控。

1）建立管控组织体系，成立项目管控中心并下设各工作组，具体负责项目实施的过程管控，资料收集归档，协调解决各类问题。

2）项目相关方需成立专门组织机构，加强组织领导，落实各级责任，建立沟通协调机制，协调一次停电及检修计划，解决专业间及单位间工作配合、衔接、冲突等问题，形成工作合力，确保项目实施有力有序推进。

3）对需要初步设计的项目，建设单位需提前做好设计资料的收集工作，在确定设计单位后，具备即刻出具初设报告的条件，以缩短实施周期。

4）设备到现场安装前，严格按规定进行检测验收。项目实施完成后，项目建设管理单位组织对项目进行验收，确保设备参数、性能、安装工艺满足技术规范书各项条款，项目质量满足现行质量标准和验收规范要求。

（3）严控现场作业安全。

1）严格落实电网公司安全工作规定，做好作业现场的安全管控和监督，杜绝发生因思想意识不到位而触碰安全红线的事件。

2）抓好项目实施具体环节，项目单位负责提供项目实施必要的场地，并负责内、外部属地协调管控工作，确保项目顺利实施。

3）对于规模较大的通信建设工作，项目单位要进一步强化属地化管理，做好项目实施前的技术交底和工作许可监护，确保人身和设备安全。

（4）强化监督评价考核。

1）工程建设方需对项目方案设计合理性、项目批复规范性、典型设计及标准物料应用、工程资金使用效率、工程档案资料进行监督检查，定期通报项目实施相关情况，确保项目按照合同约定的时限保质保量按期完成。

2）对项目建设进度、实施质量、现场安全施工等方面加大考核力度，并对项目相关方建设工作进行综合评价，对先进单位、个人进行表彰，对完成情况较差的单位进行通报批评。

3）切实履行建设管理单位职责，建立例会制度，加强项目管控，积极与相关单位进行协调，强化施工安全管理，实施进度管控，确保项目按期完成。

4）项目建设单位应积极协助配合项目管控中心的建设管理工作，按照职责分工，制定完整的工程实施方案，做好进度报告及问题汇总等工作。

1.6 本书研究路线

本书主要介绍了 SDH 网络在电力系统中的规划建设情况。不同于之前介绍 SDH 技术的书籍，本书的侧重点在于从项目全生命周期的角度介绍电力骨干 SDH 网络在规划建设中的主要方法。以项目全生命周期为主线，分别从网络状态评估、需求分析预测、规划设计、网络建设等环节入手，通过方法论和建设实例相结合的方式，深入浅出地阐述了电力 SDH 网络规划建设过程中的要点及注意事项。本书从结构上环环相扣，层层递进，力图让读者通过本书学习到 SDH 光传输技术在电力系统中的规划建设理论知识，并深入了解其建设应用情况。本书共 5 章。第 1 章为绪论，第 2 章介绍电力 SDH 网络状态评估，第 3 章介绍电力 SDH 网络业务分析及预测，第 4 章介绍 SDH 骨干网络在电力系统中的规划设计，第 5 章介绍电力通信 SDH 网络建设实践。

第 2 章　电力 SDH 网络状态评估

为了更准确、更全面地掌握电力 SDH 通信网建设、管理和运行的实际状况，科学评价网络规划执行情况、网络建设发展水平，有必要对电力 SDH 网络现状进行评估，找出存在问题与不足，为后续规划研究工作奠定有力基础。目前，电力系统对 SDH 网络的评估工作采用定量和定性结合的方式进行。本章主要介绍 SDH 网络状态评估主要指标及方法。

2.1　评价指标体系构建思路及原则

2.1.1　构建思路

构建电力通信 SDH 网络评价指标体系的研究思路主要有以下步骤。

1. 根据 SDH 网络所承载的业务需求找寻指标体系的设计依据

（1）寻找与电力通信 SDH 网络规划指标体系相关的依据，如电网公司内部对标体系、规划文件、技术导则等。

（2）调研规划工作重要关注的对象或关键环节，同时调研公网运营商、其他行业 SDH 网络规划建设指标体系框架的构建思路和方法。

（3）进行电力 SDH 网络指标体系框架理论模型研究，客观阐述评价对象或评价目标各构成部分之间的相互关系，并指导构建指标体系框架。

（4）通过综合法和分析法构建电力 SDH 网络指标体系框架，分析相关案例。

2. 确定电力 SDH 网络规划建设目标和原则

（1）对电力 SDH 网络建设成效评价问题的具体内涵做出合理解释，明确网络建设成效指标体系建立的目的和意义。电力 SDH 通信网建设成效的总目标是提升其承载能力。需要在总目标的指引下，有效指导网络规划的需求预测、编制与滚动修编工作。

（2）确定电力 SDH 通信网络规划建设成效指标体系构建原则。构建电力 SDH 通信网络规划建设成效指标体系应至少满足四个原则，即全面性原则、层次性原则、目的性原则和必要性原则。全面性原则即指标体系框架是否已全面地、毫无遗漏地反映了最初的描述评价目的与任务；层次性原则即建立网络指标体系框架的层次结构，为下一层的因素分析创造条件；目的性原则即要求网络规划建设成效指标体系框架的构建必须紧紧围绕着综合评价目的层层展开，保证最终的评价结论的确反映评价主体的评价意图。

3. 确定电力 SDH 网络规划建设方法

一般而言，主要采用分析法来设计电力 SDH 网络指标体系框架。从评价指标体系的管理需求和总目标出发，逐层进行分解与分析，最终得到能反映评价目标的关键因素；同时采用属性分组法、交叉法、综合法等方法完善评价体系指标。

4. 框架搭建

搭建电力 SDH 通信网规划建设成效指标体系框架应达到两方面目的：第一方面，能清楚地描述电力 SDH 网络规划建设总体目标与子目标，以及子目标与关键因素之间的关系。第二方面，指标体系框架应有清晰的层次性，最底层的关键因素不仅能有效指导下层单体指标设计工作，还能让最底层的指标反映出上层（如关键因素）描述的评价目的和任务，从而再反映上上层乃至最高层评价目标。

电力 SDH 网络规划建设成效指标体系框架一般采用自顶而下的分析法进行设计，具体步骤如下：

（1）确定并分析总目标。确定电力 SDH 网络规划建设成效指标体系总目标，分析总目标，并在此基础上建立并合理划分子目标体系。

（2）确定并分析子目标。确定电力 SDH 网络规划建设成效指标子目标体系，分析该体系，并确定每个子目标构成的关键评价指标。

（3）分析关键因素。分析电力 SDH 网络规划建设成效指标体系各层级的各个关键因素，初步设计出使得关键因素实现的关键指标。

同时，还需采用综合法对指标体系进行完善，采用交叉矩阵法寻找指标之间的关系，并补充带有决策性作用的关联指标。

5. 构建电力 SDH 网络规划建设成效指标

框架与指标之间的逻辑关系如图 2-1 所示。

指标设计可分为"明确指标测量目的""给出测量对象的理论定义""建立指标计算模型""指标测验与优化"等步骤。其中，首先要明确指标测量的目的，基于对当前电力 SDH 网络已有的统计认知和运行状况来产生指标，满足电力通信 SDH 网络规划建设定量研究的需要。其次需要对定量研究做出理论解释，细化分解测量目标，逻辑划分理论定义，即对测量对象进行理论定义。然后建立计算模型，量化指标中的因素，主要方法有主成功因素分析法、层次分析法等。最后要对指标进行测验与优化，根据历史采集数据，对指标运用数学方法进行分析筛选和优化指标体系，修正或删除不太合理的指标，并验证指标体系，从而确立科学合理的指标体系，指标建设思路如图 2-2 所示。

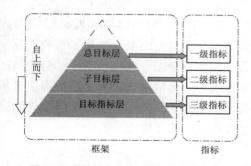

图 2-1　框架与指标之间的逻辑关系

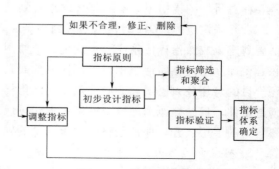

图 2-2　指标建设思路

2.1.2 电力 SDH 网络规划建设成效评估原则

构建科学合理的电力 SDH 网络规划建设成效指标体系应遵循科学性、系统性、综合性、层次性、动态性、实用性、区域性的基本原则。

1. 科学性原则

电力 SDH 网络规划成效指标体系必须采用科学的方法和手段，确立的指标必须是能够通过观察、测试、评议等方式得出明确结论的定性或定量指标，从不同角度和侧面对网络进行衡量。科学性原则主要体现在理论和实践相结合，以及所采用的科学方法等方面。指标体系在理论上站住脚，同时又能反映评价对象的客观实际情况，体系过大或过小都不利于做出正确的评价。因此，在设计评价指标体系时，首先要有科学的理论作指导，使评价指标体系能够在基本概念和逻辑结构上严谨；同时，评价指标体系是理论与实际相结合的产物，无论采用什么样的定性、定量方法，还是建立什么样的模型，都必须是客观的抽象描述，抓住最重要的、最本质的和最有代表性的东西。对客观实际现象描述得越清楚、越简练、越符合实际，科学性就越强。

2. 系统性原则

系统性要求 SDH 网络规划坚持全局意识、整体观念，把 SDH 网络看作电网人与电力系统这个大系统中的一个子系统来对待，指标体系要综合地反映通信网络对电力系统中各要素（业务）需求的支撑作用在方式、强度和规模等各方面的内容，是充分发挥了通信管理机构作用的整体体现。因此，必须把 SDH 网络规划视为一个系统问题，并基于多因指标进行综合评估。有的指标之间有横向联系，反映不同侧面的相互制约关系；有的指标之间有纵向关系，反映不同层次之间的包含关系。同时，同层次指标之间应尽可能地界限分明，避免出现相互之间有内在联系的若干组、若干层次的指标体系，应体现出很强的系统性。

（1）以较少的指标（数量较少，层次较少）较全面系统地反映评价对象的内容，既要避免指标体系过于庞杂，又要避免单因素选择，追求评价指标体系的总体最优或满意。

（2）评价指标体系要统筹兼顾各方面的关系，由于同层次指标之间存在制约关系，在设计指标体系时，应该兼顾到各方面的指标。

（3）设计指标体系的方法应采用系统的方法，例如系统分解和层次结构分析法（AHP），由一级指标分解成二级指标，再由二级指标分解成三级指标，并组成树状结构的指标体系，使体系的各个要素及其结构都能满足系统优化要求。

3. 综合性原则

任何整体都是以一些要素为特定目的综合而成，电力通信网络作为一项系统性、交叉性强的工作，是由电力业务、通信设备、辅助管理、一次系统限制等多种要素构成的综合体，这些要素多种环节相扣、内容交叉，仅仅根据某一单一要素进行分析判断，很可能做出不正确甚至错误的判断，应综合平衡各要素，考虑周全、统筹兼顾，通过多参数、多标准、多尺度分析、衡量，从整体的联系出发，注重多因素的综合性分析，求得一个最佳的综合效果。

4. 层次性原则

层次性是指指标体系自身的多重性。由于电力 SDH 网络涵盖的多层次性，通信规划指标体系也是由多层次结构组成，反映出各层次的特征。同时各个要素相互联系构成一个有机整体，指标体系也应具有层次性，能从不同方面、不同层次反映电力通信网络的实际情况。一是指标体系应选择一些指标既从整体层次上把握目标的协调程序，以保证指标的全面性和可信度；二是在指标设计上按照指标间的层次递进关系，尽可能体现出层次分明，通过一定的梯度，能准确反映指标间的支配关系，充分落实分层次评价原则，这样既能消除指标间的相容性，又能保证指标体系的全面性、科学性。

5. 动态性原则

整体性的相互联系是在动态中表现出来的，作为现实中存在的网络，联系和有序性是变化的。电力通信 SDH 网络是一种目标性很强的系统，网络由于电网一次建设和管理机制的作用在发生着变化，网络限值不断被改变，作为反映系统特征的指标体系须因时因地制宜地反映这种动态性变化。

6. 实用性原则

实用性原则指的是实用性、可行性和可操作性。

（1）指标要简化，方法要简便，指标体系要繁简适中，计算方法简便易行，即指标体系不可设计得太烦琐，在能基本保证评价结果的客观性、全面性的条件下，指标体系尽可能简化，减少或去掉一些对评价结果影响甚微的指标。

（2）数据要易于获取。指标所需的数据要易于采集，无论是定性评价指标还是定量评价指标，其信息来源渠道必须可靠，并且容易取得。否则，评价工作将难以进行或代价太大。

（3）整体操作要规范。各项指标及其相应的计算方法，各项数据都要标准化、规范化。

（4）要严格控制数据的准确性。能够实行评价过程中的质量控制，即对数据的准确性和可靠性进行控制。

7. 区域性原则

此外，作为评价考核的指标还需遵从区域性原则。即构建的指标体系应在不同区域间具有相同的结构，不同区域之间网络性能在不同空间、时间上具有较大的差异性，地域性很明显，这种差异很大程度上决定了电力通信 SDH 网规划成效的不同，建立指标体系时应包含这种区域性特征。

2.2　电力 SDH 网络状态评估主要指标及方法

电力 SDH 通信网主要承载电网生产管理业务，其随电网发展而发展。随着电网规模的不断扩大，电力 SDH 网络也得到发展，因此 SDH 网络规模评价成为 SDH 网络发展的关键指标；此外，SDH 通信网作为电力通信网最主要的通信方式之一，其覆盖率也是电力通信网发展的重要目标。同时，电力 SDH 通信网的功能性主要体现在其承载能力上，是否能够满足电网业务承载要求，其承载能力也需要评估。因此，SDH 网络发展成效将从覆盖水平、网络规模发展、承载能力三方面关键因素进行评价，关键指标有电力 SDH 网络覆盖率、电力 SDH 网络规模指数、电力 SDH 网络与电网发展裕度指数以及电力

SDH 网络拓扑架构建设成效指标等。

2.2.1 电力 SDH 网络覆盖率

电力 SDH 网络覆盖率是电力通信网对于电网公司业务支撑的一个重要体现，从指标来看，网络覆盖率越高越好，可将该指标与投资相关联，在一定的投资情况下其覆盖率可着重体现投资效率。

计算公式：

电力 SDH 网络覆盖率＝500kV 及以上变电站 SDH 设备覆盖率×$a1$＋220kV 变电站 SDH 设备覆盖率×$a2$＋110kV 变电站 SDH 设备覆盖率×$a3$＋35kV 变电站 SDH 设备覆盖率×$a4$＋电网公司总（分）部 SDH 设备覆盖率×$a5$＋省级电网公司 SDH 设备覆盖率×$a6$＋地市级电网公司 SDH 设备覆盖率×$a7$＋县级电网公司 SDH 设备覆盖率×$a8$

参数说明：

$a1$、$a2$、$a3$、$a4$、$a5$、$a6$、$a7$、$a8$ 均为大于 0 小于 1 的数值，代表着不同分项的权重值，且 $a1+a2+a3+a4+a5+a6+a7+a8=1$。$a1$、$a2$、$a3$、$a4$、$a5$、$a6$、$a7$、$a8$ 的取值可根据所评估的对象以及电网公司对 SDH 网络建设的考核目标给出。

例如，一个电网公司包含多层级调度机构和多级变电站，且在高等级调度机构或高等级变电站覆盖 SDH 设备的重要程度大于低等级调度机构或低等级变电站，那么 $a1$、$a2$、$a3$、$a4$、$a5$、$a6$、$a7$、$a8$ 均需赋值，且权重 $a1>a2>a3>a4$，$a5>a6>a7>a8$。如某电网公司 SDH 网络由总（分）部 SDH 骨干网、省级 SDH 骨干网、地市级 SDH 骨干网和县级 SDH 骨干网四级结构组成，且公司规定在各类调度机构及变电站全覆盖 SDH 设备的考核指标得分之比，即 $C1：C2：C3：C4：C5：C6：C7：C8=4：3：2：1：4：3：2：1$。

其中，$C1$ 为在 500kV 及以上变电站全覆盖 SDH 设备的考核得分，$C2$ 为在 220kV 变电站全覆盖 SDH 设备的考核得分，$C3$ 为在 110kV 变电站全覆盖 SDH 设备的考核得分，$C4$ 为在 35kV 变电站全覆盖 SDH 设备的考核得分，$C5$ 为电网公司总（分）部 SDH 设备全覆盖的考核得分，$C6$ 为省级电网公司 SDH 设备全覆盖的考核得分，$C7$ 为地市级电网公司 SDH 设备全覆盖的考核得分，$C8$ 为县级电网公司 SDH 设备全覆盖的考核得分。

此时，由于覆盖率权重与建设考核指标正相关，可取：

$a1：a2：a3：a4：a5：a6：a7：a8=C1：C2：C3：C4：C5：C6：C7：C8=4：3：2：1：4：3：2：1$。

又由 $a1+a2+a3+a4+a5+a6+a7+a8=1$ 可知 $a1=0.2$，$a2=0.15$，$a3=0.1$，$a4=0.05$，$a5=0.2$，$a6=0.15$，$a7=0.1$，$a8=0.05$。

如果仅评估某一级别的 SDH 网络，那么该网络不需要覆盖的站点类型的权重就赋值为 0。如某电网公司省级 SDH 通信网络并不需要覆盖总（分）部调度机构、县级调度机构以及 110kV 及以下变电站，因此可将 $a3$、$a4$、$a8$ 赋值为 0，其余类型站点权重相同，则 $a1=0.2$，$a2=0.2$，$a3=0$，$a4=0$，$a5=0.2$，$a6=0.2$，$a7=0.2$，$a8=0$。

2.2.2 电力通信 SDH 网络规模成效指数

该指标反映了规划期间电网公司 SDH 通信网规模发展变动状况，可体现电力 SDH 网络建设规模相对于规划期的偏差情况，同时也可反映网络建设规模规划的准确性。

$$电力 SDH 通信网规模成效指数 = \sum_{i=1} (a_i \times m_i) / \sum_{i=1} n_i$$

式中　m_i——SDH 设备实际规模值；

　　　n_i——SDH 设备规模规划值；

　　　a_i——各类设备权值。

2.2.3　电力通信 SDH 网络与电网发展裕度指数

该指标反映了规划期间电网公司 SDH 通信网与电网发展的关联变化程度，可以直接反映电力 SDH 网络发展水平的差异以及满足电网发展需求的程度。如发展裕度指数 S 过小，则说明该地区 SDH 网络支撑电网发展存在一定的压力，网络对电网发展的适应性较差，其 SDH 网络建设必须加强；反之则可以说明网络规模过度建设，存在投资浪费。

S 的计算公式为

$$S(发展裕度指数) = V2(实际建设速度) - V1(理论建设速度)$$

2.2.4　电力 SDH 网络拓扑架构建设成效指标

做电力 SDH 网络其实就是做网络可靠性。电网公司 SDH 网络规划建设要以确保电网安全可靠为出发点，结合通信网建设和运行特点，大力提高通信网的可靠性，确保通信系统不成为电网整体安全的"短板"。按照通信网自身的特点，规划合理、可靠的通信网架，并最大限度地降低通信网与电网之间的不利影响，特别是电网变化对通信网安全的影响。

SDH 网络可靠性与网络拓扑架构建设密切相关，可从网络整体性能、关键节点以及关键链路对网络可靠性的影响程度来体现。在 SDH 网络整体可靠性方面，需要从全局角度反映各设备之间的连接关系，比如从设备节点度数及其分布的角度综合考虑电力 SDH 网络故障及可靠性的一个潜在因素。同样，可通过 SDH 网络介数指数来反映网络中的关键节点或关键链路的分布情况，从而评估关键节点或关键链路对网络过负载的敏感性。电力 SDH 网络资源利用评价指标在一定程度上反映了网络结构的合理性，而且也从另一个方面反映了网络可靠性，可通过该指标体现电力 SDH 网络资源的分布和使用情况。电力 SDH 网络拓扑架构建设成效指标分解图如图 2-3 所示。

2.2.4.1　电力 SDH 网络标度指数

该指标通过节点设备度数及其分布，从全局角度反映了网络节点连通关系，从而从整体上可评估电力 SDH 网络的可靠性。该指标与 SDH 网络设备数量、网络节点的最大度数等指标有关系。其具体计算公式为

$$\varepsilon = \frac{4 + \beta + \beta^2}{2 - \beta + \beta^2}$$

$$\beta = \frac{d_{max}}{N}$$

式中　ε——电力 SDH 网络标度指数；

　　　β——网络中最大度数设备节点的占比；

　　　d_{max}——网络节点的最大度数；

N——节点总数。

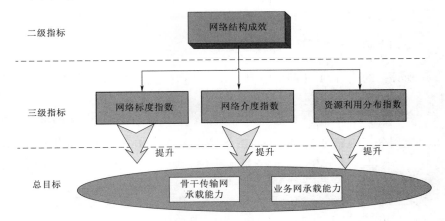

图 2-3　电力 SDH 网络拓扑架构建设成效指标分解图

ε 的取值范围为 0~1，为 0 说明网络中没有节点能够获取全局信息，每个节点都只能得到其局域的节点信息；为 1 说明所有的节点均能够获取全局信息。

在实际的 SDH 网络评估中，只需计算网络中最大度数设备节点的占比 β 就可得到电力 SDH 网络标度指数。因此，对于某一个具体的 SDH 网络拓扑，需要先判断其节点度的分布。根据电力 SDH 网络标度指数计算公式可知，当 β 从 0 变化到 1 时，标度指数 ε 从 2 变化到 3，大多数 SDH 网络均呈现此分布特征。由于电力 SDH 网络标度指数的计算与网络中最大度数设备节点的占比密切相关，因此可通过调节网络中最大节点设备度数的数量来达到网络宏观调控的目的。

2.2.4.2　电力 SDH 网络介度指数

该指标通过某个节点或某条边的最短路径数分布来反映节点与边在网络故障或业务超负荷情况下的敏感性。通过该指标可以看出网络的关键节点和重要链路。其计算公式为

$$\delta_N = \frac{\lg\left[P_{\mathrm{cum}}(B)\right]}{\lg\displaystyle\sum_{B_N=B'}^{B_{\max}} B_N}$$

式中　δ_N——电力 SDH 网络介度指数，且 $\delta_N > 0$；

$P_{\mathrm{cum}}(B)$——全网累积节点（边）介数分布函数；

$B_{\max}$——网络节点（边）介数最大值；

B_N——节点 N 的介数。

实际计算时，需要分两步进行：第一步，求所有节点的介数值与该节点的介数累积分布函数；第二步，按介数特征指数公式进行曲线拟合，得出介数指数。

2.2.4.3　电力 SDH 网络资源利用分布指数

该指标反映了电网公司规划期间电力 SDH 网络资源利用分布情况。该指数越大说明 SDH 资源利用分布越集中越合理；越小则说明资源利用分布越分散，存在较大资源富余量，资源利用存在不合理的情况。其计算公式为

$$F = \frac{\left(1 - \dfrac{2\,|\,H - w\,|}{D}\right) \times D}{\Delta}$$

式中　F——电力 SDH 网络资源利用分布指数；

　　　H——所评估的电力 SDH 网络中 155Mbitls 等效通道利用率平均值，$H = \sum\limits_{i=1}^{n_k} x_i / n_k$，

　　　　　其中 $(K = 1,\ \cdots,\ l;\ \sum\limits_{k=1}^{l} n_k = N$，l 为电网公司中的 SDH 网络数量$)$；

　　　w——电网公司内部所有 SDH 网络传输设备 155Mbit/s 等效通道利用率平均值，

　　　　　$w = \left(\sum\limits_{j=1}^{N} x_j\right) / N$；

　　　Δ——电网公司内部所有 SDH 网络 155Mbit/s 等效通道利用率标准差，$\Delta =$

　　　　　$\sqrt{\left(\sum\limits_{j=1}^{N} x_j - u\right)^2 / N}$；

　　　D——全公司光缆段资源或传输设备 155M 等效通道利用率极差，$D =$
　　　　　$\max\{x_j\} - \min\{x_j\}$；

　　　N——电网公司内部的 SDH 传输设备规模之和；

　　　j——SDH 设备规模的序号；

　　　x_j——每一段 155Mbit/s 等效通道利用率。

第3章　电力 SDH 网络业务分析及预测

随着智能电网的发展，电力通信业务的种类和数量逐渐增多，业务流量急速增长，这给网络的性能管理、网络的具体部署和应用、网络的测量评估和维护都带来了巨大的挑战。因此，亟需对智能电网通信业务流量进行分析预测，构建准确的业务流量模型，使人们更加清楚和深入地了解网络特性，进行精确的网络流量和网络性能的测量、评估和预测等，进而根据流量模型所显示的内容对具体网络进行规划建设，从而规避风险、提高网络利用率，同时对智能电网的建设、智能电网通信网的运行和智能电网业务的更好开展发挥积极的作用。本章将主要介绍电力 SDH 网络承载的主要业务及其分析预测方法。

3.1　主　要　通　信　业　务

电力系统通信业务根据其功能、特点主要分为电网运行和企业管理业务两种。电网运行类业务又分为运行控制业务和运行信息业务；企业管理类业务又分为信息业务和办公业务。这些业务都依赖于通信网络的支撑，但对通信的要求又不尽一致。

3.1.1　主网运行控制类业务

运行控制业务作为电网控制的一个环节，直接关系到电网安全，由于此类业务对通信传输时延、通道可靠性要求极高，目前主要使用电力通信专网。该类业务主要有继电保护、安全稳定装置、调度自动化、调度电话等。

3.1.1.1　继电保护

继电保护业务指高压输电线路继电保护装置间传递的远方信号，是电网安全运行所必需的信号，要求通信时延在 12ms 以内，通信误码率不大于 10^{-8}，带宽需求小于 64kbit/s，对通信通道路由、通信时延、使用技术有严格要求，因为通信方式安排不当会导致继电保护误动。通信通道中断要求立即响应，必须立即处理。继电保护业务主要采用光通信 2M 电路、专用光纤芯、电力载波等电力通信专网。从通信模式来看，继电保护通道属于厂站间通信，典型的点对点分散式模式，不会在某一点产生极大的带宽需求，继电保护通信业务流向如图 3-1 所示。

目前公司 220kV 及以上输电线路大部分都采用专用通信通道来传送继电保护信号，还有部分可靠性要求比较高的 110kV 线路也采用专用通信通道来传送继电保护信号。

继电保护通信业务将推广采用光纤通道，同时要求装置能通过以太网接入站内自动化系统和继电保护信息系统，并且应能接受站内对时系统统一提供的同步时钟信号，其实时性要求与当前要求保持一致，保护信号的传输时延要求在 12ms 以内；可靠性要求为线路两套主保护均采用两条完全独立的通信通道。

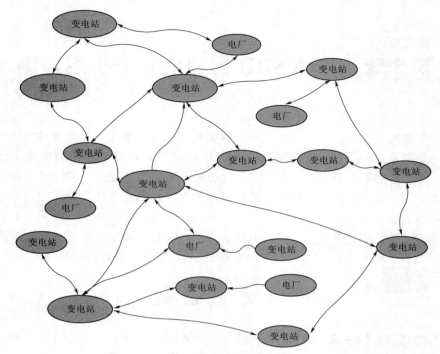

图 3-1 继电保护通信业务流向

3.1.1.2 安全稳定装置

安全稳定装置业务是由两个及以上厂站的安全稳定控制装置通过通信设备联络构成的系统，其主要功能是切机、切负荷，实现区域或更大范围的电力系统的稳定控制，是确保电力系统安全稳定运行的第二道防线，其要求通信传输时延小于 30ms，通信误码率为不大于 10^{-8}，带宽需求为 64kbit/s～2Mbit/s，对通信的可靠性要求极高。安全稳定装置业务主要采用光通信 2M 电路。从通信模式来看，安稳通道属于厂站间通信，典型的汇聚式模式，目前公司只有少部分高压电网应用了此种业务，不会在某一点产生极大的带宽需求。电网安全稳定控制系统主从式多层通信业务流向如图 3-2 所示。

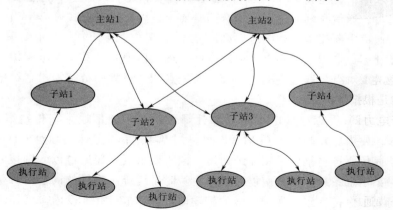

图 3-2 电网安全稳定控制系统主从式多层通信业务流向

3.1.1.3　调度自动化

调度自动化业务提供了用于电网运行状态实时监视和控制的数据信息，实现了电网控制、数据采集（supervisory control and data acquisition，SCADA）和调度员在线潮流、开断仿真和校正控制等电网高级应用软件的一系列功能。要求通信时延在100ms以内，通信误码率不大于10^{-8}，带宽需求为64kbit/s～2Mbit/s，对通信的可靠性要求极高。调度自动化业务主要采用光通信2M电路、调度数据网、电力载波等技术。在发生自然灾害等应急情况下，部分重要厂站与调度中心之间还会采用卫星通信或公网通信作为备用手段，但只能保证调度自动化"两遥"（遥信、遥测）功能。从通信模式来看，主要为调度主站系统和厂站间的通信，典型的汇聚式模式，会对主站端产生比较大的带宽需求。目前公司变电站基本都部署了调度自动化系统，通道需求数量极大。调度自动化通信业务流向如图3-3所示。

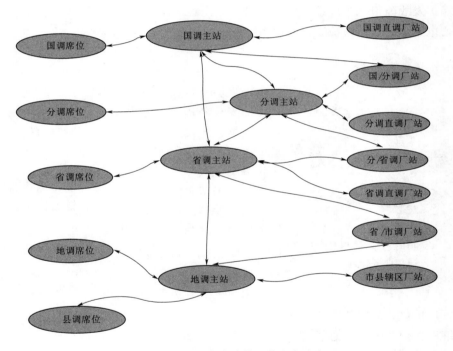

图3-3　调度自动化通信业务流向

3.1.1.4　调度电话

调度电话是根据电力调度设立的专用独立电话通道，它可以实现系统调度并有效地指挥生产。对于电力调度电话，有高度的可靠性要求，不仅在正常情况下，而且在恶劣的气候条件下和电力系统发生事故时，也要保证电话畅通。调度电话要求通信时延在300ms以内，通信误码率不大于10^{-8}，带宽需求为64kbit/s～2Mbit/s。从通信模式来看，主要为调度机构和厂站间的通信，典型的汇聚式模式，会对主站端产生比较大的带宽需求。在功能方面除具备普通电话的通话功能外，一般还具备其他一些特殊功能。目前公司变电站基本都部署了调度电话，通道需求数量极大。

3.1.2　主网运行信息类业务

运行信息业务的覆盖范围广、通道可靠性要求高，通信误码率要求小于 10^{-6}，通道时延要求相对较低，一般允许几百毫秒以内，通信方式以专网通信为主，公网通信为辅助补充。该类业务主要分为保护管理信息（包括行波测距、故障录波等业务）、性能监测装置（performance monitor unit，PMU）、稳控管理信息、水调自动化、调度管理、生产技术、电力市场交易、计量自动化等。

3.1.2.1　保护管理信息系统

保护管理信息系统的主要功能是通过实时收集变电站的运行和故障信息，为分析事故、故障定位及整定计算工作提供科学依据，以便调度管理部门做出正确的分析和决策，保证电网的安全稳定运行。

继电保护及故障信息管理系统主要由网、省、地级调度中心或集控站主站系统和各级发电厂、变电站端的子站系统通过电力系统的通信网络组成。

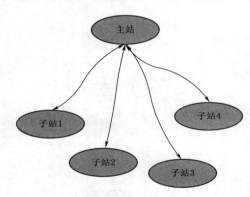

图 3-4　继电保护及故障信息管理系统
通信业务流向

主站系统：通过对子站用网络、专线传送来的信息（保护动作和录波报告）进行加工、处理、分析、显示，为调度员事故处理及电网的安全分析、继电保护动作行为分析提供决策依据；并在此基础上实现全局范围的故障诊断、测距、波形分析、历史查询、保护动作统计分析。

子站系统：主要负责信息采集、处理、存储及转发，以提供调度中心对数据分析的原始数据和事件记录量。同时提供站内设备巡检与系统自检、数据查询与检索、信息在线分析、监视主画面、图形与参数维护、站内设备对时、用户权限日志管理等功能。继电保护及故障信息管理系统通信业务流向如图 3-4 所示。

目前继电保护及故障信息管理系统主要部署在 220kV 及以上电网站点，覆盖范围比较大，业务数量比较多。

3.1.2.2　PMU 系统

电力系统同步相量测量装置（phasor measurement unit，PMU）主要功能是利用 GPS 同步时钟技术，进行集中相角的监视和稳定控制。PMU 能以数千赫兹的速率采集电流、电压等信息，通过计算获得测点的功率、相位、功角等信息，并以每秒几十帧的频率向 WAMS 主站发送。PMU 通过 GPS 对时，能够保证全网数据的同步性，数据与时标信息同时存储在本地并发送到主站。电网内的变电站和发电厂安装 PMU 后，就能够使调度人员实时监视到全网的动态过程。PMU 通信业务流向如图 3-5 所示。

目前 PMU 系统主要部署在 220kV 及以上电网站点，覆盖范围比较大，业务数量比较多。

3.1.2.3　稳控管理信息系统

稳控管理信息系统是对控制主站、控制子
站检测和收集到的信息，子站对有关指令的执
行情况和执行结果，子站及其执行站的装置及
通信通道的正常、异常和故障情况进行分析的
系统。

以上系统对通信通道路由、使用的技术有
严格要求，需严格保证通信通道可用，保证通
信安全可靠，不被恶意侵入。目前，主要采用
光通信2M通道或调度数据网承载。

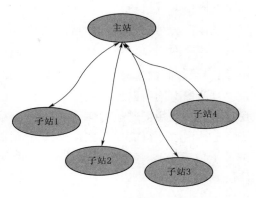

图3-5　PMU通信业务流向

3.1.3　配电类通信业务

配电类通信业务以数据业务为主，其他还包括一些语音业务和少量的视频业务。数据
业务涵盖所有配用电终端及变电站，目前视频业务开始有一定的需求。由于配电自动化的
特点，数据业务与公网业务相差比较大，数据业务主要是以周期性数据为主，而公网主要
是随机性数据业务，并且数据业务主要是上行数据，而公网业务数据主要是下行数据。

3.1.3.1　配电自动化

智能配电网通信主要需要满足配电网设备（FTU、DTU、TTU）监测信息、自愈控
制信息、故障定位信息的传送要求。从智能配电网自愈动作速度要求为小于3s，除去元件
采集和调度系统处理时间，双向通信通道时间应小于1s，则单向通信时延要求小于
500ms，通信带宽约为30kbit/s。目前公司配电网正在开展配电自动化改造，部分地区覆
盖率较高，大部分地区还未覆盖，可以说今后相当长的一段时间，通道需求数量极大。配
电自动化通信业务流向如图3-6所示。

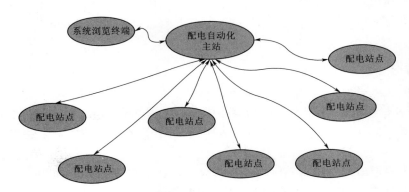

图3-6　配电自动化通信业务流向

3.1.3.2　设备在线监测

智能电网新的业务需求为电网设备全生命周期的管理，以提高电网资产利用率。其需

要对全网设备（线路）运行状态进行在线监测，以提高检修效率，延长使用寿命。设备运行状态监测为秒级业务，单点流量约为 4kbit/s，110kV 站覆盖配网范围内监测信息点包括变压器、断路器、避雷器、二次设备、线路故障指示器等。

3.1.3.3　纵联网络保护

目前配电网线路保护业务采用不需要通道的电流保护方式，智能电网时代保护方式将发生改变，利用配网通信通道进行纵联网络保护方式。配电网线路保护不需要考虑电力系统稳定性因素，只需要考虑保护电力元器件，故动作时间比高压输电网线路保护动作时间略长，为 500～700ms，通信通道时延应不大于 100ms，通信带宽约为 64kbit/s～1Mbit/s。

3.1.3.4　分布式电源、储能站

储能站状态监测、控制、管理信息与配电网调度端交互通信时延为秒级，通信带宽为 64kbit～1Mbit/s。

分布式能源站（distributed energy resources，DER）：SCADA、AGC、AVC 控制信息与配电网调度端交互通信时延为秒级，通信带宽约为 30kbit/s。

分布式能源站预测负荷曲线通常为 15min 一次，24 小时 96 点预测点曲线上传调度端，通信时延为分钟级，通信带宽约为 5kbit/s。

3.1.4　营销用电类通信业务

3.1.4.1　智能电表

电力用户智能电表可实时采集用户用电量信息、各智能家电用电功率、状态等信息给配电调度，向用户传送实时电费、分时电价、智能家电控制等信息。每电表按 300bit/15min 信息量考虑，通信带宽小于 0.01kbit/s。通信方式是各智能电表通过 RS485 电缆、载波、Wi-Fi 等方式汇聚到台区集中点，再通过配电通信网上送。

3.1.4.2　负荷需求侧管理

针对大负荷用户的特殊需求和影响，需要进行负荷需求侧管理，包括负荷预测、电能质量监测、负荷控制参数下发等功能。负荷需求侧管理带宽为 5kbit/s，时延要求为分钟级。

3.1.4.3　客服

客服呼叫接入平台采用南北两地部署灾备双平台组网模式，客服中心南/北基地按照 1:1 方式部署，互为备份。南/北基地客服呼叫接入平台网络互联，实现全网负荷分担、资源共享功能，增强南北两基地呼叫接入平台的处理能力、网络安全性以及业务的灵活性。

呼叫接入平台组网如图 3-7 所示。

客服中心（南/北基地）与各省公司之间有语音电话通信需求。

客户服务数据中心是支撑客服呼叫服务业务支持系统、客服智能互动网站等系统正常运行的业务数据环境。根据对客户服务数据中心业务的抽象和设计，客户服务数据中心涉及国网与省（市）公司两层的业务应用。

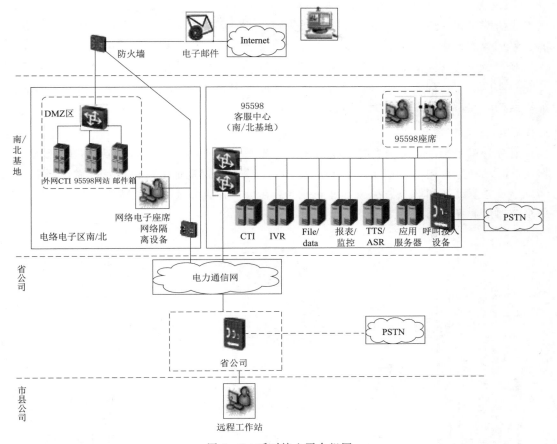

图 3-7 呼叫接入平台组网

数据中心集中存储和管理客户服务中心业务系统数据，以及各省（市）公司上传的营销相关应用系统的数据，以实现全网供电服务数据资源共享。

为了确保系统可靠性，客户中心客服呼叫接入平台及数据中心需要进行异地容灾设计。南/北基地接入平台要实现应用级容灾，当任何一个中心接入平台发生故障时，异地中心接入平台可以完全接管发生故障中心的应用需求。

3.1.5 管理信息类业务

管理信息类业务主要有财务管理系统、营销管理系统、生产计划管理、人力资源管理、安监及党群信息、信息支持系统等，是电力企业运行、管理的支撑系统，对通信可用性、可靠性、安全性等要求极高，对时延要求相对较低，一般要求几秒以内，通信方式以专网通信为主。

公司充分利用现代通信和信息技术，在电网数字化和自动化发展的基础上，不断深化发电、输电、变电、配电、用电和调度环节的数据采集、传输、存储和利用，实现数据采集数字化、生产过程自动化、业务处理互动化、经营管理信息化、战略决策科学化，建设覆盖面更广、集成度更深、智能化更高、互动性更好、安全性更强、可视化更优的

SG－ERP 系统。系统的应用特点是更加集中，集中部署的系统使得各级用户需要穿过多层级通信网访问相应的应用系统。对于通信网业务的承载能力，尤其是一二级骨干通信网的业务承载能力也提出了更高的要求。

对于公司运营监测业务，公司运营监测（控）中心目前采用两级部署结构，系统应用延伸到地市公司，地市公司及省级运营监测（控）中心至总部的纵向流量主要包括业务明细数据抽取、指标监测数据上传以及应用系统互访流量。

3.1.5.1　财务管理系统

财务管理系统、财务公司数据报送系统等财务管理业务，单点带宽达到 2Mbit/s，要求通信时延在几秒内，通信误码率不大于 10^{-3}，需严格保证通信通道绝对可靠，严格保证信息不被恶意截获和修改。财务管理业务部署在公司各级办公场所，范围比较广。财务管理系统通信业务流向如图 3-8 所示。

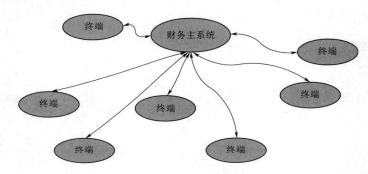

图 3-8　财务管理系统通信业务流向

3.1.5.2　营销管理系统

营销管理系统、客户服务系统、电力分析预测系统、市场部用电负荷分析和决策支持系统等市场营销业务系统，单点带宽最高达到 2Mbit/s，要求通信时延在几秒内，通信误码率不大于 10^{-3}，需严格保证通信通道可靠，严格保证信息不被恶意截获和修改。市场营销业务在电网企业内部全部使用电力专网通信，主要采用综合数据网技术；与银行等外系统单位联网时，采用公网通信。营销管理业务部署在公司各级办公场所，包括供电所营业站等，范围比较广。

3.1.5.3　信息支持系统

信息支持系统包括企业信息门户、企业综合决策支持系统、内部邮件系统、电子印章系统、视频点播系统、PKI 身份认证、信息分类和编码系统等。单点带宽一般要求在 10Mbit/s 以内、通信时延在几秒内，通信误码率不大于 10^{-3}，需严格保证通信通道可用，严格保证信息不被恶意截获和修改。信息支持系统全部使用电力专网通信，主要采用综合数据网等。

3.1.6　管理办公类业务

管理办公类业务主要分为办公通信和办公信息两种，主要满足企业内外通信需求。

3.1.6.1　办公通信

办公通信包括视频会议系统、办公电话（内线、外线）等。视频会议系统单点带宽最高达到 2Mbit/s，要求通信时延在几百毫秒内，通信误码率不大于 10^{-3}，需严格保证通信通道可用，严格保证信息不被恶意截获和修改。电话类业务要求与普通公网用户类似。办公电话、视频会议主要部署在公司各级办公场所，包括变电站、供电所等，范围极广。

3.1.6.2　办公信息

办公信息包括办公自动化系统、远程培训、Internet（外网）、移动办公（CDMA/GPRS/3G）等。单点带宽一般在 0.5Mbit/s 以内，要求通信时延在几秒内，通信误码率不大于 10^{-3}，须严格保证通信通道可用，严格保证信息不被恶意截获和修改。以上业务在电网企业内部全部使用电力专网通信，主要采用综合数据网技术；与中国联通、中国移动、中国电信等外系统单位联网时，采用公网通信。此类业务主要部署在公司各级办公场所，包括变电站、供电所，范围极广。

3.1.7　灾备数据同步

电网公司数据中心、灾备中心间的数据同步复制，对带宽要求极高，可达到 1600～4000Mb/s、通信时延在几十毫秒级别，通信误码率不大于 10^{-3}，需严格保证通信通道可用，严格保证信息不被恶意截获和修改。

以某电网公司为例，其北京数据中心、上海数据中心、西安数据中心分别接入公司数据网实现 IP 高速互通，同时为下属各网省访问两个中心的冗余路由提供通路；直属单位通过公司数据网接入北京数据中心；省公司通过公司数据网实现与数据中心的连接；网省公司通过本省的数据网或传输网与下属各地市公司实现连接；金融机构通过广域网连接东单金融机构数据中心，并通过公司数据网连接北京/上海数据中心。如图 3-9 所示。

北京中心和上海/西安中心之间有数据复制备份通道，构成存储备份网络。公司数据中心环境下核心骨干网架构图如图 3-10 所示。其中 FC 协议转换器设备用于连接数据中心之间的存储设备的通道端口。

在最终阶段的数据中心环境下，北京将建成为华北区域、东北区域、总部及直属单位的数据中心和上海数据中心、西安数据中心核心应用的应用级容灾中心。上海将建成为华东区域、华中区域的数据中心和北京数据中心核心应用的应用级容灾中心。西安将建成为西北区域的数据中心。

华北区域各网省、东北区域各网省、总部及直属单位将访问北京数据中心，因此与北京数据中心将实现主用线路连接，与上海数据中心将实现备用线路连接；主用线路与备用 IP 线路在数据网和通信网上提供足够的支持能力；华东区域各网省、华中区域各网省将访问上海数据中心，因此与上海数据中心将实现主用线路连接，与北京数据中心将实现备用线路连接；主用线路与备用 IP 线路在数据网和通信网上提供足够的支持能力；西北区域各网省将访问西安数据中心，因此与西安数据中心将实现主用线路连接，与北京数据中心将实现备用线路连接；主用线路与备用 IP 线路在数据网和通信网上提供足够的支持能力。

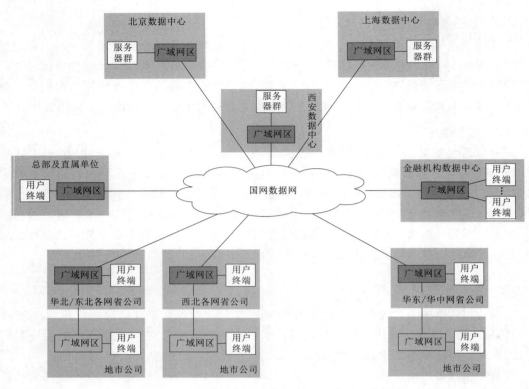

图 3 - 9 公司数据中心环境下全国 IP 广域网架构图

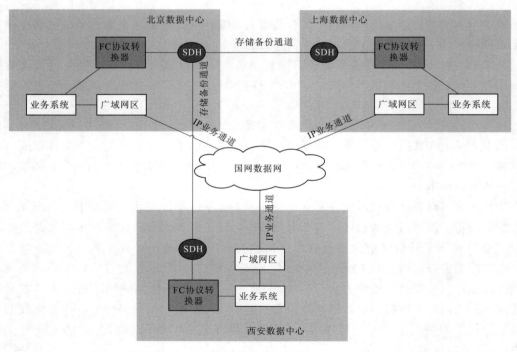

图 3 - 10 公司数据中心环境下核心骨干网架构图

北京数据中心和上海数据中心之间将进行备份数据的相互复制；北京数据中心和西安数据中心之间将进行数据复制。数据中心环境下数据复制带宽需求示意图如图3-11所示。

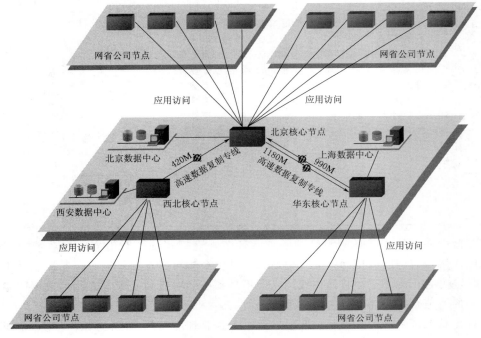

图3-11 数据中心环境下数据复制带宽需求示意图

3.2 带宽需求影响因素分析

3.2.1 安全性需求

根据电力监控系统安全防护相关规定要求，电力系统对电力业务有着严格的安全分区规定，原则上划分为生产控制大区和管理信息大区。生产控制大区可以分为控制区（又称安全区Ⅰ）和非控制区（又称安全区Ⅱ），电力业务安全分区见表3-1。

表3-1　　　　　　　　　　　电力业务安全分区

业务类型	业务系统			
	安全区Ⅰ	安全区Ⅱ	管理区Ⅲ	管理区Ⅳ
话音业务		调度电话		行政电话
数据专线业务	能量管理系统（EMS）、厂站自动化监控系统（SCADA）、广域相量测量系统（PMU）、安全自动控制系统（安稳）、继电保护系统（继保）、配电网自动化系统	电能量计量系统、调度员培训系统DTS		

业务类型	业 务 系 统			
	安全区 I	安全区 II	管理区 III	管理区 IV
数据网络业务	能量管理系统（EMS）、厂站自动化监控系统（SCADA）、广域相量测量系统（PMU）、继电保护和故障信息管理系统（继电保护远方修改定值、远方投退等控制功能）、电力市场运营系统（在线安全稳定校核）	电能量计量系统、电力市场运营系统、安稳管理信息系统、继电保护和故障信息管理系统（故障录波信息管理模块，无远方设置功能）、电力市场运营系统（交易、结算、考核、内网报价）、水库调度自动化系统	雷电定位系统、综合网管系统、光缆监测系统	SG－ERP 系统（办公自动化、财务、人力资源、生产管理等）；营销管理系统
多媒体业务			变电站图像监控系统、机房监控系统等	会议电视等

控制区中的业务系统是电力生产的重要环节，直接实现了对电力一次系统的实时监控，纵向使用电力调度数据网络或专用通道，是安全防护的重点与核心；非控制区中的业务系统是电力生产的必要环节，在线运行但不具备控制功能，使用电力调度数据网络，与控制区中的业务系统或功能模块联系紧密。

管理信息大区是指生产控制大区以外的电力企业管理业务系统的集合，电力企业可根据具体情况划分安全区，但不应影响生产控制大区的安全。

不同大区应当在专用通道上使用独立的网络设备组网，基于 SDH/PDH 不同通道、不同光波长、不同纤芯等方式，在物理层面上实现与电力企业其他数据网及外部公共信息网的安全隔离。大区内部可采用 MPLS－VPN 技术、安全隧道技术、PVC 技术、静态路由等构造子网。

3.2.2　可靠性需求

电网运行与控制具有"电网运行分析在线化、动态化、全过程化、电网调度技术支撑体系智能化、电网运行管理精益化、主备调运行一体化"的特点，需要电力通信更加可靠、优质的通信服务保障。电力通信网作为电力系统的通信专网，承载着电力生产和管理的全部业务，其系统庞大、结构复杂，发生任何故障都可能对电网的安全稳定运行构成严重威胁。因此，对于某些重要的通信业务，必须提供冗余备份通道，满足其可靠性需求。

运行控制类业务一般对带宽要求不高，但对实时性有着极高的要求，如继电保护业务要求延时在 10ms 以内、误码率低于 10^{-9}，另外输电线路继电保护业务还对延时抖动、上下行延时对称性有着极其严格的要求，一般采用点到点光纤直连或 SDH/MSTP 技术来承载。异地数据中心之间的灾备数据复制对通道也有着严格的时延要求。

3.2.3　扩展性需求

电力业务的 IP 化伴随电力业务的宽带化。随着电网全景可视化、公司 SG－ERP、数据容灾中心的建设和推进，大量的视频及数据业务通过电力通信网承载，加之业务系统的部署与应用趋于集中，对于电力通信网的业务承载能力及可扩展性都提出了更高的要求。

除传统的电网调度业务外，更多的电网生产、经营、智能化、增值业务将通过电力通信网承载，如配网自动化、配网运行监控及营销业务等。业务多元化的趋势，要求电力通信网具备更高的业务承载能力、更加灵活的业务接入方式，并具备业务差异化服务能力，同时具备更加有效的通信网管控手段。

3.3 业 务 架 构 规 划

3.3.1 业务和网络承载关系分析

基于电力通信业务本身的特性，考虑到安全性、可靠性、扩展性等要求，需要建设相应的业务网来分类承载相应业务，目前主要的业务网络包括调度数据网、综合数据网等，另外还有一些其他业务需要由传输网提供专线通道，电力通信业务承载方式见表 3－2。

表 3－2　　　　　　　　　　电力通信业务承载方式

业务类型	业 务 名 称	承 载 方 式				
		光纤	传输网	调度数据网	综合数据网	其他
运行控制类	线路保护	●	●			
	安稳系统			●		
	调度自动化			●		
	调度电话		●		●	
运行信息类	电能计量系统			●		
	保护管理信息系统			●		
	安稳管理信息系统			●		
	PMU 系统				●	
	变电站视频监视系统				●	
	电能质量监测系统				●	
	光缆自动监测系统				●	
	设备线监测系统				●	
	水调自动化系统			●		
	电力市场技术支持系统				●	
	调度管理信息系统（DMIS）				●	
	雷电定位系统				●	
管理类	行政电话		●		●	
	SG－ERP				●	
	办公自动化				●	
	运营监测业务				●	

业务类型	业 务 名 称	承 载 方 式				
		光纤	传输网	调度数据网	综合数据网	其他
管理类	客服业务系统				●	
	会议电视				●	
	会视通				●	
	软视频会议系统				●	
	网络视频教育				●	
	人资管控				●	
	财务管控				●	
	电子商务平台				●	
	物流服务				●	
	电网规划				●	
	计划管理				●	
	项目管理				●	
	资产绩效与评估				●	
	生产管理系统				●	
	可靠性管理				●	
	营销业务管理系统				●	
	客户联络管理系统				●	
	客服关系管理系统				●	
	电力市场交易运营系统				●	
	故障抢修管理系统				●	
	协同办公				●	
	农电管理				●	
	安全监察				●	
	应急管理				●	
	后勤管理				●	
	智能决策				●	
	审计管理				●	
	纪检监察				●	
	综合支撑				●	
	经济法律				●	
	资源管理				●	
	风险管理				●	
	GIS				●	
	外网		●		●	

从表3-2可以看出，对实时性要求最高的电网实时控制类继电保护业务，直接承载在传输平台或裸光纤上；对于安全性要求比较高的电网实时业务，包括调度自动化等业务，主要承载在调度数据网上；对于行政办公信息数据及财务、营销、生产管理系统，主要承载在综合数据网上。

3.3.2 网络之间承载关系分析

根据网络本身的技术要求，调度数据网、综合数据网设备之间的组网一般情况下由传输网作为承载平面提供连接通道，此类通道同时也成为了传输网的业务。因此，传输网的业务带宽需求应同时考虑所承载业务网组网通道需求，业务网、传输网以及光纤网络之间的承载关系如图3-12所示。

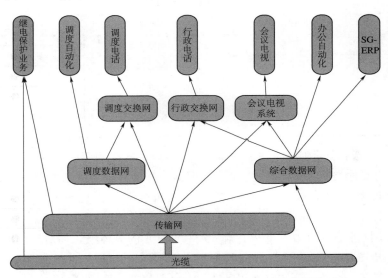

图3-12 业务网、传输网和光纤网络之间的承载关系

3.3.3 适应性随机过程预测模型

基于电力通信业务需求的流量预测研究中，重点在对带宽的统计及需求量的预测，可以概括为三个步骤。首先，结合业务种类和承载方式将通信业务进行分类；其次，根据各类业务的统计特征，选取拟合度较好的统计模型，逐一给出每类业务的通道带宽需求计算方法；最后，综合考虑业务流向，根据计算方法，对单一或所有业务断面进行带宽统计预测。

一般，电力通信网络承载两类业务：一类是IP类的业务，另一类是由专线承载的时分业务，两类不同类别的业务分别计算如下：

1. 各类IP业务通道带宽需求计算方法

对于某类IP业务而言，其带宽需求计算公式为

$$B_i = \max_{t \in T} B_i(t) = \max_{t \in T} \frac{b_i \times n_i(t)}{\varphi}$$

式中 B_i——第 i 类IP业务的带宽需求；

$B_i(t)$——t 时刻业务 i 所占用的带宽；

b_i——每个用户占用的基础带宽；

φ——带宽平均利用率（与 IP 网络开销有关，如路由寻址，维护信号等）；

$n_i(t)$——t 时刻业务 i 的并发用户数，由业务类型决定。

可以看出，B_i 与 T 时间段内业务 i 的峰值速率和平均网络带宽利用率有关，平均网络带宽利用率一般根据测算得出，经验值取 0.7。计算 B_i 的关键在于确定 $n_i(t)$，也就是选取合适的预测模型对相应种类的业务特征进行拟合。

针对不同的电力通信业务进行流量分析，结合业务特性可以选择不同的业务模型进行逼近和模拟，典型业务源流量模型分析见表 3-3。

表 3-3　　　　　　　　　　　　典型业务源流量模型分析

业　　务	推荐业务模型	业　　务	推荐业务模型
调度电话	泊松模型	配电自动化	ON/OFF 模型
调度自动化	ON/OFF 模型	用电信息采集	ON/OFF 模型
视频会议	MMPP 模型	ERP	FARIMA 模型
行政电话	泊松模型	GIS	FARIMA 模型
办公自动化	FARIMA 模型		

对于业务 i，选择好相应的流量模型之后，$n_i(t)$ 也随之确定。步骤如下：

（1）根据业务种类选择表 3-3 中的业务模型，并计算其所服从的随机过程 $N_i(t)$。

（2）对于某个时间节点 t，$N_i(t)$ 是一个随机变量，因此可求得其概率分布函数 $F[N_i(t)] = P\{N_i(t) \leqslant n_i(t)\}$。

（3）根据不同业务的有效性要求，确定 $F[N_i(t)]$ 的具体值，如对于调度数据网业务，$F[N_i(t)]$ 可取 0.9999，对于综合数据网业务，$F[N_i(t)]$ 可取 0.999。

（4）利用 $N_i(t)$ 的概率分布函数以及 $F[N_i(t)]$ 的具体取值便可得到 $n_i(t)$。

电力通信数据网分两类：一类为调度数据网，主要承载电力生产业务；一类为综合数据网，主要承载电力管理业务。在表 3-3 中，调度自动化、配电自动化、用电信息采集属生产性业务，可以复用至调度数据网中传输；视频会议、ERP、GIS 等业务属管理类业务，可复用至综合数据网中传输。因此，承载于调度数据网上的业务带宽需求 D 可写为

$$D = \max_{t \in T} \sum_k B_k(t) = \max_{t \in T} \sum_k \frac{b_k \times n_k(t)}{\varphi}$$

式中　$B_k(t)$——t 时刻某类调度数据网业务 k 所占用的带宽。

同理，承载于综合数据网上的业务带宽需求为

$$R = \max_{t \in T} \sum_m B_m(t) = \max_{t \in T} \sum_m \frac{b_m \times n_m(t)}{\varphi}$$

式中　$B_m(t)$——t 时刻某类综合数据网业务 m 所占用的带宽。

由于 IP 网络往往通过传输网络（主要是 SDH、OTN 网络，PTN 技术目前在公司范围内还未普及，因此不做考虑）或者光纤直接组网，因此其通道大小多具有颗粒性。目前典型的用于承载 IP 业务的通道颗粒有 2M、100M、155M、622M、1000M、2.5G、10G 等。同

时，还需考虑通道层面的保护机制。在实际应用中，对同一断面的同一类业务，往往考虑基于单一颗粒的通道带宽配备。因此，考虑建设成本、组网方式和带宽利用率等因素，对于某一断面的调度数据网（或者综合数据网）业务，其占用的通道带宽可建议用如下方法估算：

（1）对于光纤直接组网，主要利用万兆光口、千兆光口和百兆光口沟通 IP 链路，此时建设成本是主要考虑的因素，因此在通道计算时选择 100M、2.5G（1000M 光模块与 2.5G 光模块成本相当，因此在做链路配置时通常选择 2.5G 光模块）、10G 颗粒，对于调度数据网，在某一个通信断面上，其通道需求 C_d 为（单位 Mbit/s）：

$$C_d = \begin{cases} 10000\left[\dfrac{D}{10000}\right] \times \eta, & D \geqslant 10G \\[2mm] 2500\left[\dfrac{D}{2500}\right] \times \eta, & 1G \leqslant D < 10G \\[2mm] 100\left[\dfrac{D}{100}\right] \times \eta, & D < 1G \end{cases}$$

式中　$[x]$——对 x 向上取整；

η——容灾系数。

同理，对于综合数据网，在某一个通信断面上，通道需求 C_r 为（单位 Mbit/s）：

$$C_r = \begin{cases} 10000\left[\dfrac{R}{10000}\right] \times \eta, & R \geqslant 10G \\[2mm] 2500\left[\dfrac{R}{2500}\right] \times \eta, & 1G \leqslant R < 10G \\[2mm] 100\left[\dfrac{R}{100}\right] \times \eta, & R < 1G \end{cases}$$

（2）对于传输通道组网，主要利用万兆光口、2.5G 光口、千兆光口、百兆光/电口、622MPOS 口、155MPOS 口、155MCPOS 口以及 SDH 复用 2M 捆绑的方式沟通 IP 链路，此时建设成本和带宽利用率都是很敏感的因素，因此在通道计算时选择 2M、155M、622M、1000M、2.5G、10G 颗粒。综合考虑成本和带宽利用率的因素，对于调度数据网，在某一个通信断面上，其通道需求 C_d 的参考计算公式为

$$C_d = \begin{cases} 10000\left[\dfrac{D}{10000}\right] \times \eta, & D \geqslant 10G \\[2mm] 2500\left[\dfrac{D}{2500}\right] \times \eta, & 2G < D < 10G \\[2mm] 1000\left[\dfrac{D}{1000}\right] \times \eta, & 622M \leqslant D \leqslant 2G \\[2mm] 622\left[\dfrac{D}{622}\right] \times \eta, & 465M \leqslant D < 622M \\[2mm] 155\left[\dfrac{D}{155}\right] \times \eta, & 155M \leqslant D < 465M \\[2mm] 2\left[\dfrac{D}{2}\right] \times \eta, & D < 155M \end{cases}$$

同理，对于综合数据网，在某一个通信断面上，其通道需求 C_r 的参考计算公式为

$$
C_r = \begin{cases}
10000 \left[\dfrac{R}{10000}\right] \times \eta, & R \geqslant 10G \\[2mm]
2500 \left[\dfrac{R}{2500}\right] \times \eta, & 2G < R < 10G \\[2mm]
1000 \left[\dfrac{R}{1000}\right] \times \eta, & 622M \leqslant R \leqslant 2G \\[2mm]
622 \left[\dfrac{R}{622}\right] \times \eta, & 465M \leqslant R < 622M \\[2mm]
155 \left[\dfrac{R}{155}\right] \times \eta, & 155M \leqslant R < 465M \\[2mm]
2 \left[\dfrac{R}{2}\right] \times \eta, & R < 155M
\end{cases}
$$

可见，建设成本和通道的离散性是造成 IP 业务通道带宽利用率低的重要原因。需要特别说明的是，电力数据网络组网方式较多，总部、各分部、省市公司的通道结构均存在较大差异，因此在做具体规划时必须考虑网络的实际情况来制定组网方案，本书给出的数据网通道需求计算公式只针对典型应用，仅供参考。

2. 时分业务通道带宽需求计算方法

电力时分业务主要有调度、行政电话，自动化远动以及采用 SDH 复用 2M 的继电保护和安控业务，下面分别讨论。

（1）调度、行政电话业务。对于调度或行政电话业务而言，其通道带宽需求：可以描述为

$$
B_j = \max_{t \in T} B_j(t) = \max_{t \in T} b_j \times n_j(t) \times \beta \times \eta
$$

式中　B_j——调度/行政电话业务 j 的通道带宽需求；

　　　$B_j(t)$——t 时刻业务 j 所占用的带宽；

　　　b_j——单用户的通道带宽；

　　　$n_j(t)$——t 时刻业务 j 的并发电路数，为一随机过程；

　　　β——冗余系数；

　　　η——容灾系数。

对于传统的电路交换业务而言，泊松模型已经被理论和实践证明为最有效的业务预测模型，因此，采用泊松模型对 $n_j(t)$ 进行建模。由于调度、行政电话业务要求 1+1 保护，因此容灾系数取 2。同时根据经验，冗余系数取 1.3。

对于调度/行政电话业务 j，可根据泊松模型确定 $n_j(t)$。步骤如下：

1）写出泊松随机过程表达式：$P[N_j(t) = n] = \dfrac{e^{-\lambda t}(\lambda t)^n}{n!}, n = 0, 1, 2, \cdots$

2）对于某个时间节点 t，$N_j(t)$ 是一个随机变量，服从泊松分布，因此可求得其概率分布函数为 $F[N_j(t)] = P\{N_j(t) \leqslant n_j(t)\} = \sum\limits_{N_j(t)=0}^{n_j(t)} \dfrac{e^{-\lambda t}(\lambda t)^{n_j(t)}}{n_j(t)!}$

3）根据不同业务的有效性要求，确定 $F[N_j(t)]$ 的具体值，如对于调度交换电话，$F[N_j(t)]$ 可取 0.9999；对于行政电话业务，$F[N_j(t)]$ 可取 0.99。

4）利用 $N_j(t)$ 的概率分布函数以及 $F[N_j(t)]$ 的具体取值便可得到 $n_j(t)$。

由此可见，某一通信断面上程控交换语音业务 C_v 的通道需求为

$$C_v = \max_{t \in T} \sum_j B_j(t) = \max_{t \in T} \sum_j b_j \times n_j(t) \times \beta \times \eta$$

（2）自动化远动、继电保护、安控业务。这几类业务为递增型业务，通道一旦启用，将被长久占用。同时其电路数量与电网发展直接相关。因此可根据电网规划给出其通道带宽计算公式为

$$B_k = b_k \times n_k \times \beta \times \eta$$

式中　B_k——自动化远动/继电保护/安控业务的通道带宽需求；

　　　 b_k——每个用户占用的通道带宽；

　　　 n_k——业务 k 的电路数，取决于电网规划；

　　　 β——冗余系数；

　　　 η——容灾系数。

对于自动化远动、安控、距离保护业务，η 取 2；对于光纤纵联差动保护业务，η 取 1；β 取经验值 1.3。

由此可见，某一通信断面上自动化远动、继电保护、安控业务的通道需求总和 C_p 为

$$C_p = \sum_k B_k = \sum_k (b_k \times n_k \times \beta \times \eta)$$

因此，某个通信断面上业务的通道总需求 B 可以通过对以上几种业务的叠加得到，即

$$B = C_d + C_r + C_v + C_p$$

基于统计估算的带宽预测方法方便简单、可行有效，适用于大范围宽口径的断面总带宽需求预测。但随着智能电网通信业务 IP 化进程的快速发展，通过该方法进行的预测数据与实际结果偏差较大。目前对智能电网通信业务研究涉及各类业务的 QoS 要求如速率、时延、时延抖动、漂移、误码和优先级等性能尚无进行全面而系统的研究，尤其是智能电网中通信业务的带宽预测研究。

3.4　典型站点通信业务流量计算分析

3.4.1　变电站

3.4.1.1　1000kV 交流变电站及 800kV 直流换流站

1000kV 交流变电站及 800kV 直流换流站业务流量见表 3-4。

表 3-4　　　　　　　　　1000kV 交流变电站及 800kV 直流换流站业务流量

序　号	业务组成	基础业务流量	业务数量	调度数据网	综合数据网	TDM
1	调度电话	$b1$	$n1$			$b1 \times n1$
2	调度自动化	$b2$	$n2$	$b2 \times n2$		
3	继电保护	$b3$	$n3$			$b3 \times n3$

序　号	业务组成	基础业务流量	业务数量	调度数据网	综合数据网	TDM
4	电量采集	$b4$	$n4$	$b4 \times n4$		
5	行政交换	$b5$	$n5$			$b5 \times n5$
6	变电站视频监控	$b6$	$n6$		$b6 \times n6$	
7	变电站设备监控	$b7$	$n7$		$b7 \times n7$	
8	雷电监测	$b8$	$n8$		$b8 \times n8$	
9	输电线路监控	$b9$	$n9$		$b9 \times n9$	
10	PMS	$b10$	$n10$		$b10 \times n10$	
11	OMS	$b11$	$n11$		$b11 \times n11$	
12	OA	$b12$	$n12$		$b12 \times n12$	
13	GIS	$b13$	$n13$		$b13 \times n13$	
	总计			Σ	Σ	Σ

3.4.1.2　750kV 交流变电站及 660kV/600kV 直流换流站

750kV 交流变电站及 660kV/600kV 直流换流站业务流量见表 3-5。

表 3-5　　　　　　750kV 交流变电站及 660kV/600kV 直流换流站业务流量

序　号	业务组成	基础业务流量	业务数量	调度数据网	综合数据网	TDM
1	调度电话	$b1$	$n1$			$b1 \times n1$
2	调度自动化	$b2$	$n2$	$b2 \times n2$		
3	继电保护	$b3$	$n3$			$b3 \times n3$
4	电量采集	$b4$	$n4$	$b4 \times n4$		
5	行政交换	$b5$	$n5$			$b5 \times n5$
6	变电站视频监控	$b6$	$n6$		$b6 \times n6$	
7	变电站设备监控	$b7$	$n7$		$b7 \times n7$	
8	雷电监测	$b8$	$n8$		$b8 \times n8$	
9	输电线路监控	$b9$	$n9$		$b9 \times n9$	
10	PMS	$b10$	$n10$		$b10 \times n10$	
11	OMS	$b11$	$n11$		$b11 \times n11$	
12	OA	$b12$	$n12$		$b12 \times n12$	
13	GIS	$b13$	$n13$		$b13 \times n13$	
	总计			Σ	Σ	Σ

3.4.1.3　500kV/330kV 变电站及 400kV 直流换流站

500kV/300kV 变电站及 400kV 直流换流站业务流量见表 3-6。

表 3 - 6   500kV/330kV 变电站及 400kV 直流换流站业务流量

序号	业务组成	基础业务流量	业务数量	调度数据网	综合数据网	TDM
1	调度电话	$b1$	$n1$			$b1 \times n1$
2	调度自动化	$b2$	$n2$	$b2 \times n2$		
3	继电保护	$b3$	$n3$			$b3 \times n3$
4	电量采集	$b4$	$n4$	$b4 \times n4$		
5	行政交换	$b5$	$n5$			$b5 \times n5$
6	变电站视频监控	$b6$	$n6$		$b6 \times n6$	
7	变电站设备监控	$b7$	$n7$		$b7 \times n7$	
8	雷电监测	$b8$	$n8$		$b8 \times n8$	
9	输电线路监控	$b9$	$n9$		$b9 \times n9$	
10	PMS	$b10$	$n10$		$b10 \times n10$	
11	OMS	$b11$	$n11$		$b11 \times n11$	
12	OA	$b12$	$n12$		$b12 \times n12$	
13	GIS	$b13$	$n13$		$b13 \times n13$	
	总计			Σ	Σ	Σ

3.4.1.4 220kV 枢纽站

220kV 枢纽变电站业务流量见表 3 - 7。

表 3 - 7   220kV 枢 纽 变 电 站 业 务 流 量

序号	业务组成	基础业务流量	业务数量	调度数据网	综合数据网	TDM
1	调度电话	$b1$	$n1$			$b1 \times n1$
2	调度自动化	$b2$	$n2$	$b2 \times n2$		
3	继电保护	$b3$	$n3$			$b3 \times n3$
4	电量采集	$b4$	$n4$	$b4 \times n4$		
5	行政交换	$b5$	$n5$			$b5 \times n5$
6	变电站视频监控	$b6$	$n6$		$b6 \times n6$	
7	变电站设备监控	$b7$	$n7$		$b7 \times n7$	
8	雷电监测	$b8$	$n8$		$b8 \times n8$	
9	输电线路监控	$b9$	$n9$		$b9 \times n9$	
10	PMS	$b10$	$n10$		$b10 \times n10$	
11	OMS	$b11$	$n11$		$b11 \times n11$	
12	OA	$b12$	$n12$		$b12 \times n12$	
13	GIS	$b13$	$n13$		$b13 \times n13$	
	总计			Σ	Σ	Σ

3.4.1.5 220kV 终端站

220kV 终端站业务流量见表 3 - 8。

表 3 - 8 　　　　　　　　　　　　　220kV 终端站业务流量

序号	业务组成	基础业务流量	业务数量	调度数据网	综合数据网	TDM
1	调度电话	$b1$	$n1$			$b1 \times n1$
2	调度自动化	$b2$	$n2$	$b2 \times n2$		
3	继电保护	$b3$	$n3$			$b3 \times n3$
4	电量采集	$b4$	$n4$	$b4 \times n4$		
5	行政交换	$b5$	$n5$			$b5 \times n5$
6	变电站视频监控	$b6$	$n6$		$b6 \times n6$	
7	变电站设备监控	$b7$	$n7$		$b7 \times n7$	
8	雷电监测	$b8$	$n8$		$b8 \times n8$	
9	输电线路监控	$b9$	$n9$		$b9 \times n9$	
10	PMS	$b10$	$n10$		$b10 \times n10$	
11	OMS	$b11$	$n11$		$b11 \times n11$	
12	OA	$b12$	$n12$		$b12 \times n12$	
13	GIS	$b13$	$n13$		$b13 \times n13$	
14	配电自动化	$b14$	$n14$	$b14 \times n14$		
	总计			$\sum$	$\sum$	$\sum$

3.4.1.6　110kV/66kV 变电站

各级单位 110kV/66kV 变电站业务流量见表 3 - 9。

表 3 - 9 　　　　　　　　　　　　110kV/66kV 变电站业务流量

序号	业务组成	基础业务流量	业务数量	调度数据网	综合数据网	TDM
1	调度电话	$b1$	$n1$			$b1 \times n1$
2	调度自动化	$b2$	$n2$	$b2 \times n2$		
3	继电保护	$b3$	$n3$			$b3 \times n3$
4	电量采集	$b4$	$n4$	$b4 \times n4$		
5	行政电话	$b5$	$n5$			$b5 \times n5$
6	变电站视频监控	$b6$	$n6$		$b6 \times n6$	
7	变电站设备监控	$b7$	$n7$		$b7 \times n7$	
8	雷电监测	$b8$	$n8$		$b8 \times n8$	
9	输电线路监控	$b9$	$n9$		$b9 \times n9$	
10	PMS	$b10$	$n10$		$b10 \times n10$	
11	OMS	$b11$	$n11$		$b11 \times n11$	
12	OA	$b12$	$n12$		$b12 \times n12$	
13	GIS	$b13$	$n13$		$b13 \times n13$	
14	配电自动化	$b14$	$n14$	$b14 \times n14$		
	总计			$\sum$	$\sum$	$\sum$

3.4.1.7 35kV 变电站

各级单位 35kV 变电站业务流量见表 3-10。

表 3-10   35kV 变 电 站 业 务 流 量

序号	业务组成	基础业务流量	业务数量	调度数据网	综合数据网	TDM
1	调度电话	$b1$	$n1$			$b1 \times n1$
2	调度自动化	$b2$	$n2$	$b2 \times n2$		
3	继电保护	$b3$	$n3$			$b3 \times n3$
4	电量采集	$b4$	$n4$	$b4 \times n4$		
5	行政电话	$b5$	$n5$			$b5 \times n5$
6	变电站视频监控	$b6$	$n6$		$b6 \times n6$	
7	变电站设备监控	$b7$	$n7$		$b7 \times n7$	
8	雷电监测	$b8$	$n8$		$b8 \times n8$	
9	输电线路监控	$b9$	$n9$		$b9 \times n9$	
10	PMS	$b10$	$n10$		$b10 \times n10$	
11	OMS	$b11$	$n11$		$b11 \times n11$	
12	OA	$b12$	$n12$		$b12 \times n12$	
13	GIS	$b13$	$n13$		$b13 \times n13$	
14	配电自动化	$b14$	$n14$	$b14 \times n14$		
	总计			Σ	Σ	Σ

3.4.2   配电网站点

3.4.2.1   开关站

10kV/20kV 开关站（开闭站）业务流量见表 3-11。

表 3-11   10kV/20kV 开关站（开闭站）业务流量

序号	业 务 组 成	基础业务流量	业务数量	一二区	三四区
1	配电自动化	$b1$	$n1$	$b1 \times n1$	
2	视频监控	$b2$	$n2$		$b2 \times n2$
	总计			Σ	Σ

3.4.2.2   环网柜

10kV/20kV 环网柜业务明流量见表 3-12。

表 3-12   10kV/20kV 环 网 柜 业 务 流 量

序号	业 务 组 成	基础业务流量	业务数量	一二区	三四区
1	配电自动化	$b1$	$n1$	$b1 \times n1$	
	总计			Σ	Σ

3.4.2.3   箱式变电站

10kV/20kV 箱式变电站业务流量见表 3-13。

表 3 - 13 　　　　　　　　　10kV/20kV 箱式变电站业务流量

序 号	业务组成	基础业务流量	业务数量	一二区	三四区
1	配电自动化	$b1$	$n1$	$b1 \times n1$	
	总计			Σ	Σ

3.4.2.4　柱上开关

10kV/20kV 柱上开关业务流量见表 3 - 14。

表 3 - 14 　　　　　　　　　10kV/20kV 柱上开关业务流量

序 号	业务组成	基础业务流量	业务数量	一二区	三四区
1	配电自动化	$b1$	$n1$	$b1 \times n1$	
2	视频监控	$b2$	$n2$		$b2 \times n2$
	总计			Σ	Σ

3.4.2.5　柱上变

10kV/20kV 柱上变业务流量见表 3 - 15。

表 3 - 15 　　　　　　　　　10kV/20kV 柱上变业务流量

序 号	业务组成	基础业务流量	业务数量	一二区	三四区
1	配电自动化	$b1$	$n1$	$b1 \times n1$	
2	视频监控	$b2$	$n2$		$b2 \times n2$
	总计			Σ	Σ

3.4.3　用电设施

智能电表业务流量见表 3 - 16。

表 3 - 16 　　　　　　　　　智 能 电 表 业 务 流 量

业务组成	基础业务流量	业务数量	一二区	三四区
用电信息采集	$b1$	$n1$		$b1 \times n1$
总计			Σ	Σ

3.4.4　调度机构

电网公司调度机构各异，但都以层级架构为主，本书以某大型电网公司为例介绍调度机构业务明细及流量测算方法。

3.4.4.1　国调（备调）

国调（备调）机构出口业务流量见表 3 - 17。

表 3－17　　　　　　　　　　国调（备调）机构出口业务流量

序　号	业　务　组　成	基础业务流量	业务数量	调度数据网	综合数据网	TDM
1	调度电话	$b1$	$n1$			$b1 \times n1$
2	调度数据网	$b2$	$n2$	$b2 \times n2$		
3	视频会商	$b3$	$n3$		$b3 \times n3$	
4	OMS	$b4$	$n4$		$b4 \times n4$	
5	行政电话	$b5$	$n5$			$b5 \times n5$
6	变电站视频监控	$b6$	$n6$		$b6 \times n6$	
7	变电站设备监控	$b7$	$n7$		$b7 \times n7$	
8	雷电监测	$b8$	$n8$		$b8 \times n8$	
9	输电线路监控	$b9$	$n9$		$b9 \times n9$	
10	PMS	$b10$	$n10$		$b10 \times n10$	
11	OA	$b11$	$n11$		$b11 \times n11$	
12	GIS	$b12$	$n12$		$b12 \times n12$	
13	主备调数据同步	$b13$	$n13$	$b13 \times n13$		
	总计			Σ	Σ	Σ

3.4.4.2　分调（备调）

分调（备调）机构出口业务流量见表 3－18。

表 3－18　　　　　　　　　　分调（备调）机构出口业务流量

序　号	业　务　组　成	基础业务流量	业务数量	调度数据网	综合数据网	TDM
1	调度电话	$b1$	$n1$			$b1 \times n1$
2	调度数据网	$b2$	$n2$	$b2 \times n2$		
3	视频会商	$b3$	$n3$		$b3 \times n3$	
4	OMS	$b4$	$n4$		$b4 \times n4$	
5	行政电话	$b5$	$n5$			$b5 \times n5$
6	变电站视频监控	$b6$	$n6$		$b6 \times n6$	
7	变电站设备监控	$b7$	$n7$		$b7 \times n7$	
8	雷电监测	$b8$	$n8$		$b8 \times n8$	
9	输电线路监控	$b9$	$n9$		$b9 \times n9$	
10	PMS	$b10$	$n10$		$b10 \times n10$	
11	OA	$b11$	$n11$		$b11 \times n11$	
12	GIS	$b12$	$n12$		$b12 \times n12$	
13	主备调数据同步	$b13$	$n13$	$b13 \times n13$		
	总计			Σ	Σ	Σ

3.4.4.3　省调（备调）

省调（备调）机构出口业务流量见表 3－19。

表 3 - 19　　　　　　　　省调（备调）机构出口业务流量

序　号	业务组成	基础业务流量	业务数量	调度数据网	综合数据网	TDM
1	调度电话	$b1$	$n1$			$b1 \times n1$
2	调度数据网	$b2$	$n2$	$b2 \times n2$		
3	视频会商	$b3$	$n3$		$b3 \times n3$	
4	OMS	$b4$	$n4$		$b4 \times n4$	
5	行政电话	$b5$	$n5$			$b5 \times n5$
6	变电站视频监控	$b6$	$n6$		$b6 \times n6$	
7	变电站设备监控	$b7$	$n7$		$b7 \times n7$	
8	雷电监测	$b8$	$n8$		$b8 \times n8$	
9	输电线路监控	$b9$	$n9$		$b9 \times n9$	
10	PMS	$b10$	$n10$		$b10 \times n10$	
11	OA	$b11$	$n11$		$b11 \times n11$	
12	GIS	$b12$	$n12$		$b12 \times n12$	
13	主备调数据同步	$b13$	$n13$	$b13 \times n13$		
	总计			Σ	Σ	Σ

3.4.4.4　地调（备调）

地调（备调）机构出口业务流量见表 3 - 20。

表 3 - 20　　　　　　　　地调（备调）机构出口业务流量

序　号	业务组成	基础业务流量	业务数量	调度数据网	综合数据网	TDM
1	调度电话	$b1$	$n1$			$b1 \times n1$
2	调度数据网	$b2$	$n2$	$b2 \times n2$		
3	视频会商	$b3$	$n3$		$b3 \times n3$	
4	OMS	$b4$	$n4$		$b4 \times n4$	
5	行政电话	$b5$	$n5$			$b5 \times n5$
6	变电站视频监控	$b6$	$n6$		$b6 \times n6$	
7	变电站设备监控	$b7$	$n7$		$b7 \times n7$	
8	雷电监测	$b8$	$n8$		$b8 \times n8$	
9	输电线路监控	$b9$	$n9$		$b9 \times n9$	
10	PMS	$b10$	$n10$		$b10 \times n10$	
11	OA	$b11$	$n11$		$b11 \times n11$	
12	GIS	$b12$	$n12$		$b12 \times n12$	
13	主备调数据同步	$b13$	$n13$	$b13 \times n13$		
	总计			Σ	Σ	Σ

3.4.4.5 县调

县调机构出口业务流量见表3-21。

表3-21 县调机构出口业务流量

序号	业务组成	基础业务流量	业务数量	调度数据网	综合数据网	TDM
1	调度电话	$b1$	$n1$			$b1×n1$
2	调度数据网	$b2$	$n2$	$b2×n2$		
3	视频会商	$b3$	$n3$		$b3×n3$	
4	OMS	$b4$	$n4$		$b4×n4$	
5	行政电话	$b5$	$n5$			$b5×n5$
6	变电站视频监控	$b6$	$n6$		$b6×n6$	
7	变电站设备监控	$b7$	$n7$		$b7×n7$	
8	雷电监测	$b8$	$n8$		$b8×n8$	
9	输电线路监控	$b9$	$n9$		$b9×n9$	
10	PMS	$b10$	$n10$		$b10×n10$	
11	OA	$b11$	$n11$		$b11×n11$	
12	GIS	$b12$	$n12$		$b12×n12$	
	总计			Σ	Σ	Σ

3.4.5 办公场所

本书以某大型电网公司为例介绍调度机构业务明细及流量测算方法。

3.4.5.1 总部

总部出口业务流量见表3-22。

表3-22 总部出口业务流量

序号	业务组成	基础业务流量	业务数量	调度数据网	综合数据网	TDM
1	行政电话	$b1$	$n1$			$b1×n1$
2	会议电视	$b2$	$n2$		$b2×n2$	
3	软视频会议系统	$b3$	$n3$		$b3×n3$	
4	SG-ERP	$b4$	$n4$		$b4×n4$	
5	办公自动化	$b5$	$n5$		$b5×n5$	
6	运营监测业务	$b6$	$n6$		$b6×n6$	
7	运行管理业务	$b7$	$n7$		$b7×n7$	
8	网络视频教育	$b8$	$n8$		$b8×n8$	
	总计			Σ	Σ	Σ

3.4.5.2 分部

分部出口业务流量见表3-23。

表 3 - 23　　　　　　　　　　　　　　分部出口业务流量

序号	业务组成	基础业务流量	业务数量	调度数据网	综合数据网	TDM
1	行政电话	$b1$	$n1$			$b1 \times n1$
2	会议电视	$b2$	$n2$		$b2 \times n2$	
3	软视频会议系统	$b3$	$n3$		$b3 \times n3$	
4	SG - ERP	$b4$	$n4$		$b4 \times n4$	
5	办公自动化	$b5$	$n5$		$b5 \times n5$	
6	运行管理业务	$b6$	$n6$		$b6 \times n6$	
7	网络视频教育	$b7$	$n7$		$b7 \times n7$	
	总计			Σ	Σ	Σ

3.4.5.3　省公司

省公司本部出口业务流量见表 3 - 24。

表 3 - 24　　　　　　　　　　　　省公司本部出口业务流量

序号	业务组成	基础业务流量	业务数量	调度数据网	综合数据网	TDM
1	行政电话	$b1$	$n1$			$b1 \times n1$
2	会议电视	$b2$	$n2$		$b2 \times n2$	
3	软视频会议系统	$b3$	$n3$		$b3 \times n3$	
4	SG - ERP	$b4$	$n4$		$b4 \times n4$	
5	办公自动化	$b5$	$n5$		$b5 \times n5$	
6	运行管理业务	$b6$	$n6$		$b6 \times n6$	
7	客服业务	$b7$	$n7$		$b7 \times n7$	
8	网络视频教育	$b8$	$n8$		$b8 \times n8$	
9	客服业务系统	$b9$	$n9$		$b9 \times n9$	
10	运营监测业务	$b10$	$n10$		$b10 \times n10$	
11	容灾系统数据复制	$b11$	$n11$		$b11 \times n11$	
	总计				Σ	Σ

省公司直属单位出口业务流量见表 3 - 25。

表 3 - 25　　　　　　　　　　　省公司直属单位出口业务流量

序号	业务组成	基础业务流量	业务数量	调度数据网	综合数据网	TDM
1	行政电话	$b1$	$n1$			$b1 \times n1$
2	会议电视	$b2$	$n2$		$b2 \times n2$	
3	软视频会议系统	$b3$	$n3$		$b3 \times n3$	
4	SG - ERP	$b4$	$n4$		$b4 \times n4$	
5	办公自动化	$b5$	$n5$		$b5 \times n5$	
6	网络视频教育	$b6$	$n6$		$b6 \times n6$	
	总计			Σ	Σ	Σ

3.4.5.4 总部直属单位

国网总部直属单位本部出口业务流量见表3-26。

表3-26 国网总部直属单位本部出口业务流量

序 号	业 务 组 成	基础业务流量	业务数量	调度数据网	综合数据网	TDM
1	行政电话	$b1$	$n1$			$b1 \times n1$
2	会议电视	$b2$	$n2$		$b2 \times n2$	
3	软视频会议系统	$b3$	$n3$		$b3 \times n3$	
4	SG-ERP	$b4$	$n4$		$b4 \times n4$	
5	办公自动化	$b5$	$n5$		$b5 \times n5$	
6	网络视频教育	$b6$	$n6$		$b6 \times n6$	
	总计			Σ	Σ	Σ

国网总部直属单位分支机构、其他办公场所出口业务流量见表3-27。

表3-27 国网总部直属单位分支机构、其他办公场所出口业务流量

序 号	业 务 组 成	基础业务流量	业务数量	调度数据网	综合数据网	TDM
1	行政电话	$b1$	$n1$			$b1 \times n1$
2	会议电视	$b2$	$n2$		$b2 \times n2$	
3	软视频会议系统	$b3$	$n3$		$b3 \times n3$	
4	SG-ERP	$b4$	$n4$		$b4 \times n4$	
5	办公自动化	$b5$	$n5$		$b5 \times n5$	
6	网络视频教育	$b6$	$n6$		$b6 \times n6$	
	总计			Σ	Σ	Σ

3.4.5.5 地市公司

地市公司本部出口业务流量见表3-28。

表3-28 地市公司本部出口业务流量

序 号	业 务 组 成	基础业务流量	业务数量	调度数据网	综合数据网	TDM
1	行政电话	$b1$	$n1$			$b1 \times n1$
2	会议电视	$b2$	$n2$		$b2 \times n2$	
3	软视频会议系统	$b3$	$n3$		$b3 \times n3$	
4	SG-ERP	$b4$	$n4$		$b4 \times n4$	
5	办公自动化	$b5$	$n5$		$b5 \times n5$	
6	运行管理业务	$b6$	$n6$		$b6 \times n6$	
7	客服业务	$b7$	$n7$		$b7 \times n7$	
8	网络视频教育	$b8$	$n8$		$b8 \times n8$	
9	客服业务系统	$b9$	$n9$		$b9 \times n9$	
10	运营监测业务	$b10$	$n10$		$b10 \times n10$	
	总计				Σ	Σ

区县公司出口业务流量见表 3－29。

表 3－29　　　　　　　　　　　区县公司出口业务流量

序号	业务组成	基础业务流量	业务数量	调度数据网	综合数据网	TDM
1	行政电话	$b1$	$n1$			$b1 \times n1$
2	会议电视	$b2$	$n2$		$b2 \times n2$	
3	软视频会议系统	$b3$	$n3$		$b3 \times n3$	
4	SG－ERP	$b4$	$n4$		$b4 \times n4$	
5	办公自动化	$b5$	$n5$		$b5 \times n5$	
6	网络视频教育	$b6$	$n6$		$b6 \times n6$	
	总计			Σ	Σ	Σ

地市公司直属单位出口业务流量见表 3－30。

表 3－30　　　　　　　　　地市公司直属单位出口业务流量

序号	业务组成	基础业务流量	业务数量	调度数据网	综合数据网	TDM
1	行政电话	$b1$	$n1$			$b1 \times n1$
2	会议电视	$b2$	$n2$		$b2 \times n2$	
3	软视频会议系统	$b3$	$n3$		$b3 \times n3$	
4	SG－ERP	$b4$	$n4$		$b4 \times n4$	
5	办公自动化	$b5$	$n5$		$b5 \times n5$	
6	网络视频教育	$b6$	$n6$		$b6 \times n6$	
	总计			Σ	Σ	Σ

3.4.6　营业网点

3.4.6.1　供电所

供电所出口业务流量见表 3－31。

表 3－31　　　　　　　　　　供电所出口业务流量

序号	业务组成	基础业务流量	业务数量	综合数据网
1	营销系统	$b1$	$n1$	$b1 \times n1$
2	PMS	$b2$	$n2$	$b2 \times n2$
3	ERP	$b3$	$n3$	$b3 \times n3$
4	OA	$b4$	$n4$	$b4 \times n4$
5	行政电话	$b5$	$n5$	$b5 \times n5$
6	软视频会议系统	$b6$	$n6$	$b6 \times n6$
7	网络培训	$b7$	$n7$	$b7 \times n7$
8	视频监控	$b8$	$n8$	$b8 \times n8$
	总计			Σ

3.4.6.2　营业厅

营业厅出口业务流量见表 3-32。

表 3-32　　　　　　　　　　　营业厅出口业务流量

序号	业务组成	基础业务流量	业务数量	综合数据网
1	营销系统	$b1$	$n1$	$b1\times n1$
2	PMS	$b2$	$n2$	$b2\times n2$
3	ERP	$b3$	$n3$	$b3\times n3$
4	OA	$b4$	$n4$	$b4\times n4$
5	行政电话	$b5$	$n5$	$b5\times n5$
6	软视频会议系统	$b6$	$n6$	$b6\times n6$
7	网络培训	$b7$	$n7$	$b7\times n7$
8	视频监控	$b8$	$n8$	$b8\times n8$
	总计			Σ

3.4.7　客服

本书以某大型电网公司为例介绍客服业务明细及流量测算方法。

3.4.7.1　客服中心（南/北基地）

公司客服中心（南/北基地）出口业务流量见表 3-33。

表 3-33　　　　　　　　公司客服中心（南/北基地）出口业务流量

序号	业务组成	基础业务流量	业务数量	综合数据网
1	行政电话	$b1$	$n1$	$b1\times n1$
2	客服语音	$b2$	$n2$	$b2\times n2$
3	客服中心业务系统	$b3$	$n3$	$b3\times n3$
4	SG-ERP	$b4$	$n4$	$b4\times n4$
5	办公自动化	$b5$	$n5$	$b5\times n5$
6	视频会议	$b6$	$n6$	$b6\times n6$
7	客服数据备份	$b7$	$n7$	$b7\times n7$
	总计			Σ

3.4.7.2　省公司客服中心

省公司客服中心出口业务流量见表 3-34。

表 3-34　　　　　　　　　省公司客服中心出口业务流量

序号	业务组成	基础业务流量	业务数量	综合数据网
1	行政电话	$b1$	$n1$	$b1\times n1$
2	客服语音	$b2$	$n2$	$b2\times n2$

序　号	业　务　组　成	基础业务流量	业　务　数　量	综合数据网
3	客服中心业务系统	$b3$	$n3$	$b3 \times n3$
4	SG - ERP	$b4$	$n4$	$b4 \times n4$
5	办公自动化	$b5$	$n5$	$b5 \times n5$
6	视频会议	$b6$	$n6$	$b6 \times n6$
	总计			Σ

3.5　主要断面通信业务及流量分析

一般而言，电网公司采用层级组织架构，除继电保护业务为分布式业务以外，其余业务主要为汇聚型业务。本书主要以某典型电网公司为例介绍电网公司通信业务流量分析方法，其余电网公司业务及流量分析与其大同小异。根据该电网公司通信网总体网络架构及所支撑的业务对象，通信网分成三个层面，分别负责总部、省公司、地市县公司三个层面的电网生产、经营、管理业务流量汇聚、传输与承载。因此，公司通信网的树状业务流量模型如图 3 - 13 所示。

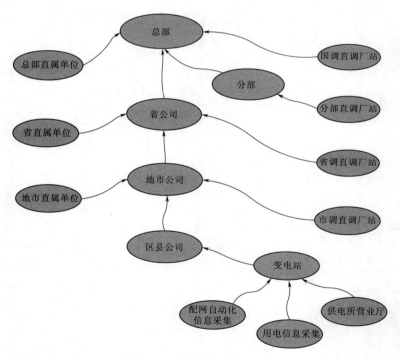

图 3 - 13　树状业务流量模型

SG - ERP 业务流向如图 3 - 14 所示。

其中：SG - ERP 业务包括四个方向的流量，分别如图中 A、B、C、D 所示，A、B、

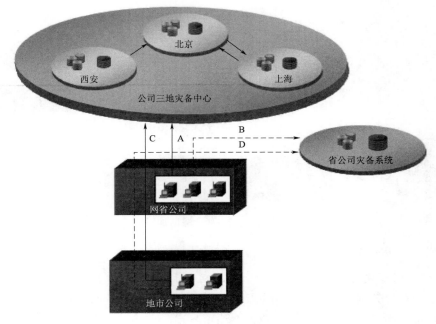

图 3-14 SG-ERP 业务流向

C、D 既代表了业务方向，也代表了流向该方向的业务流量。

A 表示省公司本部用户访问部署在三地灾备中心的业务系统的数据流量，其数据流向为网省公司—公司三地灾备中心。

B 表示省公司本部用户直接访问部署在省公司灾备系统的业务系统的数据流量，其数据流向为网省公司—省公司灾备系统。

C 表示地市用户通过省公司访问部署在三地的灾备系统的业务系统数据流量，其数据流向为地市公司—网省公司—公司三地灾备中心。

D 表示地市用户访问部署在省公司灾备系统的业务流量，其数据流向为地市公司—省公司灾备系统。

3.5.1 总部

总部层面业务断面组成如图 3-15 所示。

总部层面具体业务断面如下：

（1）总部—分部业务断面为总部和分部之间往来业务的断面，既包括电网生产业务，也包括企业信息化管理类业务。

（2）总部—省公司业务断面为总部和具体某省公司之间往来业务的断面，既包括电网生产业务，也包括企业信息化管理类业务。

（3）总部—总部直属单位业务断面为总部与直属单位之间的业务往来断面，主要为企业管理信息化业务。

（4）总部—国调直调电厂业务断面为省公司与省调直调电厂之间往来业务的断面，

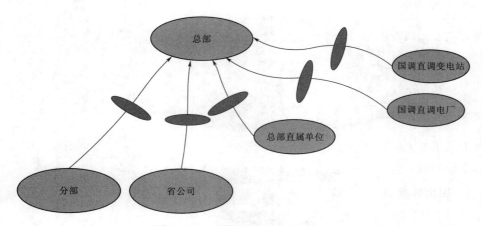

图 3 - 15　总部层面业务断面组成

主要是电网生产类业务。

3.5.1.1　调度数据网业务

总部层面调度数据网业务的组成主要包括：

（1）总部—国调直调变电站调度数据网通道带宽需求 b_1。

（2）总部—国调直调电厂调度数据网通道带宽需求 b_2。

（3）总部—省公司调度数据网组网的通道带宽需求 b_3。

假设各断面通道带宽不共享，则省公司断面调度数据网业务出口的通道带宽需求为

$$B = \sum_i b_i$$

其中，b_1、b_2、b_3 可根据具体组网方式，由公式计算得出。

3.5.1.2　综合数据网业务

总部层面综合数据网业务的组成主要包括：

（1）总部—直属单位综合数据网通道带宽需求 b_1。

（2）总部—省公司综合数据网通道带宽需求 b_2。

（3）总部—直调厂站综合数据网通道带宽需求 b_3。

（4）总部层面灾备中心综合数据网通道带宽需求 b_4。

假设各断面通道带宽不共享，则总部断面综合数据网业务出口的通道带宽需求计算公式为

$$B = \sum_i b_i$$

其中，b_1、b_2、b_3 可根据具体组网方式，由公式计算得出。

3.5.1.3　TDM 业务

总部层面 TDM 通道（包括调度电话、行政电话、继电保护通道、安控通道以及自动化远动通道等）的组成主要包括：

（1）总部—直属单位 TDM 业务通道带宽需求 b_1。

（2）总部—省公司 TDM 业务通道带宽需求 b_2。

（3）总部—直调变电站 TDM 业务通道带宽需求 b_3。

因此，省公司断面综合数据网业务出口的通道带宽需求计算公式为

$$B = \sum_i b_i$$

其中，b_1、b_2、b_3 可参考公式计算得到。

3.5.2 分部

由于三集五大体系建设，分部进行了优化整合，整合后的分部仅有分部与其直调厂站之间的业务断面，分部层面业务断面组成如图 3-16 所示。

3.5.2.1 调度数据网业务

分部层面调度数据网业务的组成主要包括：

（1）分部—直调变电站调度数据网通道带宽需求 b_1。

（2）分部—直调电厂调度数据网通道带宽需求 b_2。

假设各断面通道带宽不共享，则分部断面调度数据网业务出口的通道带宽需求计算公式为

$$B = \sum_i b_i$$

其中，b_1、b_2 可根据具体组网方式，由公式计算得出。

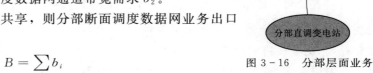

图 3-16 分部层面业务
断面组成

3.5.2.2 综合数据网业务

分部层面综合数据网业务的组成主要包括分部—直调厂站综合数据网通道带宽需求 b_1。

假设各断面通道带宽不共享，则分部断面综合数据网业务出口的通道带宽需求计算公式为

$$B = \sum_i b_i$$

其中，b_1 可根据具体组网方式，由公式计算得出。

3.5.2.3 TDM 业务

分部层面 TDM 通道（包括调度电话、行政电话、继电保护通道、安控通道以及自动化远动通道等）的组成主要包括：分部—直调变电站 TDM 业务通道带宽需求 b_1。

因此，分部断面综合数据网业务出口的通道带宽需求计算公式为

$$B = \sum_i b_i$$

其中，b_1 可参考公式计算得到。

3.5.3 省公司

省公司层面业务断面组成如图 3-17 所示。

（1）省公司—省公司直属单位业务断面为省公司和直属单位之间往来业务的断面，主要包括企业信息化管理类业务。

（2）省公司—省调直调电厂业务断面为省公司与省调直调电厂之间往来业务的断

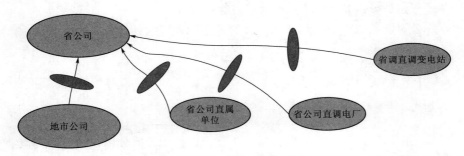

图 3-17　省公司层面业务断面组成

面，主要是电网生产类业务。

（3）省公司—省调直调变电站业务断面为省公司与直调变电站之间外来的业务断面，主要是电网生产业务。

（4）省公司—地市公司为省公司与地市公司之间的业务往来断面，包括电网生产业务及企业管理信息化业务。

3.5.3.1　调度数据网业务

省公司层面调度数据网业务的组成主要包括：

（1）省公司—直调变电站调度数据网通道带宽需求 b_1。

（2）省公司—直调电厂调度数据网通道带宽需求 b_2。

（3）省公司—地市公司调度数据网组网的通道带宽需求 b_3。

假设各断面通道带宽不共享，则省公司断面调度数据网业务出口的通道带宽需求计算公式为

$$B = \sum_i b_i$$

其中，b_1、b_2、b_3 可根据具体组网方式，由公式计算得出。

3.5.3.2　综合数据网业务

省公司层面综合数据网业务的组成主要包括：

（1）省公司—直属单位综合数据网通道带宽需求 b_1。

（2）省公司—地市公司综合数据网通道带宽需求 b_2。

（3）省公司—直调厂站综合数据网通道带宽需求 b_3。

假设各断面通道带宽不共享，则省公司断面综合数据网业务出口的通道带宽需求计算公式为

$$B = \sum_i b_i$$

其中，b_1、b_2、b_3 可根据具体组网方式，由公式计算得出。

3.5.3.3　TDM 业务

省公司层面 TDM 通道（包括调度电话、行政电话、继电保护通道、安控通道以及自动化远动通道等）的组成主要包括：

（1）省公司—直属单位 TDM 业务通道带宽需求 b_1。

（2）省公司—地市公司 TDM 业务通道带宽需求 b_2。

（3）省公司—直调变电站 TDM 业务通道带宽需求 b_3。

因此，省公司断面综合数据网业务出口的通道带宽需求计算公式为

$$B = \sum_i b_i$$

其中，b_1、b_2、b_3 可参考公式计算得到。

3.5.4 地市公司

地市公司层面业务断面组成如图 3-18 所示。

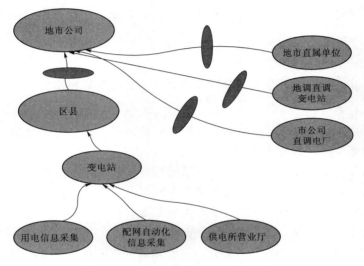

图 3-18 地市公司层面业务断面组成

（1）地市公司—地市公司直属单位业务断面为地市公司与直属单位之间的业务断面，主要是企业管理信息化业务，直接承载于综合数据网、传输网。

（2）地市公司—地调直调电厂业务断面为地市公司与其直调电厂之间的业务往来断面，主要是电网生产业务，直接承载于综合数据网、调度数据网、传输网。

（3）地市公司—地调直调变电站业务断面为地市公司与其直调变电站之间的业务断面，主要是电网生产业务，直接承载于综合数据网、调度数据网、传输网。

（4）地市公司—县公司为地市公司与县公司之间的业务往来断面，包括电网生产业务及企业信息化管理业务，直接承载于综合数据网、调度数据网、传输网。

3.5.4.1 调度数据网业务

地市公司层面调度数据网业务的组成主要包括：

（1）地市公司—直调变电站调度数据网通道带宽需求 b_1。

（2）地市公司—直调电厂调度数据网通道带宽需求 b_2。

（3）地市公司—县公司调度数据网组网的通道带宽需求 b_3。

假设各断面通道带宽不共享，则地市公司断面调度数据网业务出口的通道带宽需求计算公式为

$$B = \sum_i b_i$$

其中，b_1、b_2、b_3 可根据具体组网方式，由公式计算得出。

3.5.4.2 综合数据网业务

地市公司层面综合数据网业务的组成主要包括：

（1）地市公司—直属单位综合数据网通道带宽需求 b_1。

（2）地市公司—区县公司综合数据网通道带宽需求 b_2。

（3）地市公司—营业网点综合数据网通道带宽需求 b_3。

（4）地市公司—变电站综合数据网通道带宽需求 b_4。

假设各断面通道带宽不共享，则地市公司断面综合数据网业务出口的通道带宽需求计算公式为

$$B = \sum_i b_i$$

其中，b_1、b_2、b_3、b_4 可根据具体组网方式，由公式计算得出。

3.5.4.3 TDM 业务

地市公司层面 TDM 通道（包括调度电话、行政电话、继电保护通道、安控通道以及自动化远动通道等）的组成主要包括：

（1）地市公司—直属单位 TDM 业务通道带宽需求 b_1。

（2）地市公司—区县公司 TDM 业务通道带宽需求 b_2。

（3）地市公司—营业网点 TDM 业务通道带宽需求 b_3。

（4）地市公司—变电站 TDM 业务通道带宽需求 b_4。

因此，地市公司断面综合数据网业务出口的通道带宽需求计算公式为

$$B = \sum_i b_i$$

其中，b_1、b_2、b_3、b_4 可参考公式计算得到。

3.6 通信需求计算过程

业务流量测算方法包括基础业务流量测算模型和基于业务断面法进行通信网承载业务流量的测算方法。本书提出的业务流量测算方法适用于电网公司各级通信网。按照各层级机构不同类别的模板，经过统计分析各单位目前生产及管理业务节点的数量即可完成通信网业务流量测算工作。具体的测算步骤如下：

步骤 1：计算各类业务的基础流量，根据 3.3 节提供的计算公式计算出各类业务的基础流量，可以采用计算机套用相应的数学模型计算出结果，也可以采用简单的统计估算方法大致估算出流量。

步骤 2：计算各类站点流量，例如变电站选择相应电压等级的变电站模板，将该类站点的业务进行分类汇总，类别按照综合数据网、调度数据网、TDM、其他等，便于分类计算。

步骤 3：统计站点数量，按照国网、省、地市、区县等级别，统计变电站、配电站、

电表、供电所等所有类别站点的数量，可以取上一年度年报数据。

步骤 4：计算断面流量，公司总部选择总部模板，分部选择分部模板，省公司选择省公司模板，地市公司选择地市公司模板，分别形成各断面的综合数据网、调度数据网、传输流量。

步骤 5：根据本层级通信网所承载的各类总的业务流量，按照当前通信网的整体架构，将业务流量分别分担到不同的综合数据网、调度数据网、传输网，并形成不同系统进行优化、改造扩容等相关规划决策结论。

第 4 章　SDH 骨干网络在电力系统中的规划设计

电力通信网随电网架设，在规划设计方面受制于电网发展。然而通信网和电网本质上差异巨大，因此和公网相比，电力 SDH 网络在拓扑建设自由度方面存在天然的劣势，这给后续的网络建设及运维工作带来了极大挑战。本章将介绍电力 SDH 骨干网络的规划设计，首先着眼于电力系统特征，介绍电力 SDH 通信系统的规划设计原则，然后再以某省公司 SDH 骨干通信网改造工程为例，详细介绍电力 SDH 网络规划设计流程。

4.1　电力 SDH 网络规划设计原则

4.1.1　光缆网架

（1）光缆网架优化应结合电网和通信网规划，从网络覆盖、网络安全以及通信网自身的特点进行规划和设计，分析现有、潜在及可能利用的光缆资源，针对现网的薄弱环节，通过持续地优化逐步形成相对稳定的核心光缆网架，避免因为电网建设而导致 SDH 网络结构频繁变化，保持光缆网架的相对稳定。

（2）遵循"光缆共享"的原则，避免重复建设，统筹利用各级光缆资源，为不同层级的 SDH 光传输网络提供基础物理资源。原则上省际 SDH 光传输网应统筹利用跨区、跨省及省内光缆组网，省级、地市网络除利用各自资产的光缆组网外，也可通过可利用的全网光缆资源补充局部路由。

（3）光缆网架的优化应统一考虑特高压输电线路建设，突出现有网络与新建网络的整体性和关联性，防止出现点对点设计。同时针对特高压输电线路单跨距离长、路由走向偏僻等特点，为降低光缆建设和运维成本，应充分论证输电线路本体建设光缆的必要性，若现有网络能够满足新增业务需求，原则上新建特高压输电线路本体不建设光缆。

（4）针对跨江河/铁路等大跨越、同塔双回以及各电压等级输电线路本体建设工程，应在现有光缆网架的基础上，从可用性、安全性、经济性等方面充分论证光缆建设的必要性，不应盲目随设备输电线路建设光缆。应使 SDH 光传输网在满足可靠性和业务需求的前提下最大限度地得到简化，原则上光缆与输电线路之比应达到最小比例。

（5）光缆路由应优选纤芯质量好、传输距离短、安全可靠的路径，保障最优化路由组网。对于核心网络，应优选运行稳定且改接工作较少的光缆，避免因输电线路改造对整体网络造成影响，保障传输路由、距离的相对稳定。

（6）对于核心网络节点间确有必要互联、网络末端确需覆盖的路径，若无电力光缆路由，可按实际情况采取随已有电力线路架设光缆、单独敷设光缆或租用光缆资源等方式解决。

（7）光缆网络优化应充分考虑传输网络发展空间、应急与检修测试需求，适度预留纤芯裕量，单根光缆的可用空余纤芯数应不少于 4 芯。对不满足要求的，应结合电网发展规划，及时落实替代光缆，通过迂回路由、系统调整或局部利用已建成的其他光传输网络承载等方式提高纤芯富裕度。

（8）对现网中衰耗、色散等性能参数与标准值或工程设计值下降明显，以及实际运行中受外力破坏而导致断芯较多的光缆，需在优化工作中对其及时进行消缺、改造，若改造难度较大，应寻找替代路由。

（9）在边远地区和通信站之间距离较长的情况下，可考虑采用超长站距传输技术或优化路由，减少中继站设置，降低建设和运行成本。选用超长站距传输技术时应优先采用 EDFA、拉曼放大器等设备，若利用设备无法解决，可考虑随输变电工程建设超低损高性能光纤。

4.1.2 传输系统

（1）为提高网络的可靠性和保护能力，避免因单点故障造成业务中断或大面积网络运行异常，传输系统宜采用环状网或网状网结构，在实现网络覆盖的基础上逐步减少链状传输系统。

（2）为提高网络的整体性，减少因不同时期建设造成的网络差异化，应根据设备、站点的变化优化调整网络拓扑，减少网络瓶颈，尤其要注意对保护模式、时钟、DCC 等参数配置一致性的校核，避免因配置不合理导致可靠性降低。

（3）对于同一站点存在多套 SDH 设备的情况，在满足业务对传输性能和安全性要求的前提下，应通过整合低端设备、提升设备传输能力、调整设备配置等方式，优化堆叠的传输设备，简化网络结构，减少运维工作量。

（4）单套 SDH 设备具有主备关系的光路应分布于不同光板上，避免因单板卡故障造成业务中断。对不满足要求的，应优化光路方式安排，同时确保板卡、参数配置的匹配性。

（5）为充分利用各级网络资源，提高电路的互补性，应在不同层级的 SDH 光传输网之间形成互通，尤其要实现跨区、跨省 SDH 光传输网间的多节点互联互通，以利于通信业务在各级间的灵活转接。

（6）SDH 光传输网带宽应综合考虑应急迂回和未来 5 年业务发展的需求，预留带宽不宜低于 30％。对于带宽余量不足的区段，应通过优化运行方式、调整业务路由、提升传输系统带宽等方式进行优化。

（7）为保证网元信息的可靠传送，在优化时应同步检查网管管理能力、网关网元及 DCC 通道配置。网元应采用主备不同路由 DCC 传送通道，网关网元与网管系统之间应采用独立专用通道承载，网管系统的实际管理能力应满足优化后网元数量的要求。

（8）为确保网管可靠，SDH 光传输网的网管系统应采用主备配置模式。具备北向接口的网管系统应统一接入公司通信管理系统（SG - TMS）。

（9）在进行 SDH 光传输网优化时应同步进行定时链路的设计、配置和校核，避免单站自由震荡或形成定时环路。SDH 光传输网应配置主备定时信号，网元应跟随不同路由的时钟信号。

（10）为增强设备可扩展性，应适度考虑业务槽位冗余度，优化完成后核心网络 SDH 设备空余业务槽位比例不宜低于 20%，对不满足要求的可通过调整板卡配置、优化光缆路由、增加扩展子架等方式进行优化。

（11）SDH 设备电源板、交叉板等核心板卡应采用冗余保护配置，如设备不支持 1＋1 保护功能，可根据设备投产年限、运行情况等进行设备升级改造，或根据设备承载的业务类型进行运行方式的优化调整。

（12）根据业务通道使用情况的变化，应同步腾退已经不承载业务的停运或退役设备、板卡，并做好备品备件管理，减少通信机房内无效设备占用的基础资源。

4.1.3　业务方式

（1）在进行 SDH 光传输网结构优化时，应同步开展业务通道方式优化，不断提高通道可靠性。方式优化应统筹考虑系统不同区段承载业务数量的均衡性，避免出现单条光缆或单台设备业务负载过重的现象。

（2）针对传输系统的交叉资源配置，为提高综合利用率，在网络核心层，高阶通道宜采用整体规划，低阶通道宜进行合理归并，避免因个别区段通道占用资源过多而造成网络瓶颈。

（3）对于本级网络不具备业务开通条件的，应遵循"电路互补"的原则，通过跨级、跨区的方式承载业务，业务转接宜采用光口互联方式，确保通道的可靠性。

（4）对于继电保护、安控等重要业务，应重点检查全程通道的安全性，主备通道路由应完全独立，同时通道应满足业务传输时延、收发时延差等方面的技术要求。

（5）SDH 光传输网的网元节点增减后，应重点检查所有经过该节点的业务通道，尤其是各通道备用路由时隙的准确性，确保所有通道数据的完整，防止因时隙配置错误而降低可靠性。

（6）为提高资源利用率和运行方式的准确性，优化时应重点检查业务通道的使用情况，对于已经退运的业务，要完整删除通道数据，清除所占时隙，并同步拆除相关设备线缆，释放所占用的板卡端口、DDF、ODF 等资源。

4.1.4　辅助系统

（1）SDH 光传输网优化过程中，如需新增或扩容 SDH 设备，应提前考虑分析新增功耗对通信电源系统的影响，重点对电源整流模块、蓄电池组及直流分配容量等进行分析计算和安全校核，防止出现因功耗增加造成电源过载的情况。

（2）针对双通信电源配置的站点，要重点计算每套通信电源的实际容量和全站最大功耗，应确保单套电源能承担所有负载。

（3）根据优化后设备的实际负荷进行容量的校核计算，通信电源整流模块配置应满足 $N-1$ 原则，即在单整流模块失效的情况下，其他整流模块应能够承担所有负载。

（4）站点内设备配置发生变化时，要对上下级开关的匹配情况进行校核分析，应确保单套通信电源直流分配屏的总输入熔丝，空开容量介于满负荷容量的 1.5～2.5 倍之间，防止出现故障时引发开关越级跳闸的情况。

（5）优化过程中要重点检查传输设备的供电方式，如果传输设备采用双路供电，每路供电应完全独立，禁止两路供电并联，以免在单路供电发生故障时出现串掉情况，防止扩大故障范围。

4.2 电力 SDH 网络规划设计实例

4.2.1 建设目的

电网调度是电网运行的控制中枢，承担着组织电网运行、指挥事故处理和恢复等重要任务。提高各级电网调度抵御各类事故、自然灾害和社会突发事件的能力，保证其不间断运行，是电网更好地服务于经济社会发展的关键。通信网是电网调度体系的重要组成部分，是各类生产调度管理信息传输的基础平台，在调度生产中发挥出越来越重要的作用。加强通信网的网络结构，提高通信网的可靠性、传输能力，提高通信网抵御各类事故、自然灾害的能力，是确保电网安全正常运行的重要保证。

通常，为满足电网公司电网调度体系建设需要，满足省级调度数据网、500kV 站点数据通信网、省级数据通信网、检修公司 D5000 子站延伸系统等各类生产调度管理业务系统对通道的需求，需对电网公司省级 SDH 骨干传输网（简称"SW－A 平面"）进行扩容改造，对现有 SW－A 平面的网络结构、传输容量、站点设备等进行必要的调整、升级改造和优化完善，从而达到加强通信网络结构，提高通信网的传输性能和网络可靠性，确保在各类事故、自然灾害发生时，通信网络仍能正常运行，各类重要的生产调度业务仍能够正常传输的目的。

本章主要以某省级电网公司（简称"SCH 省电力公司"）SDH 网络优化改造为例，主要针对该公司省级骨干传输网 SW－A 平面的网络结构、设备配置、站点覆盖、通道带宽/波道配置等进行扩容改造，以适应该省级电力公司调度数据网、数据通信网等生产调度管理业务系统的应用发展需求。

4.2.2 主要设计内容

该省级电力公司 SDH 骨干传输网优化改造主要设计内容包括：

（1）现有公司省级骨干 SW－A 平面中 SW－A－1 网优化、扩容、提高可靠性改造建设。

（2）现有公司省级骨干 SW－A 平面中 SW－A－2 网优化、扩容、提高可靠性改造建设。

（3）涉及的机房电源辅助部分内容设计。

（4）投资概算。

4.2.3 主要设计原则

本工程对 SW－A 平面、SW－B 平面的主要优化改造原则有：

（1）按照业务通道组织原则，满足调度数据网、500kV 站点数据通信网、省级数据通信网等业务系统对通道的需求。

（2）对 SW－A 平面（包括 SW－A－1 网、SW－A－2 网）网络进行优化、扩容，提升带宽，替换老旧、停产设备，提高其传输能力、可靠性。

（3）骨干网的 22 个地市公司站点传输设备采用双重化配置，各站点分别配置 1 套 SW－A－1、SW－A－2 网 10G 光传输设备。

（4）对于 SW－A－1 网上站点，如站点设备性能指标劣化、已停产、无空余槽位等不能满足骨干网优化改造的站点设备应予以更换，新增 10G 设备。

（5）对于 SW－A－2 网上站点，如站点设备性能指标劣化、已停产、无空余槽位等不能满足骨干网优化改造的站点设备应予以更换，新增 10G 设备。

（6）对于 SW－A－2 网上性能指标劣化设备予以更换，新增 2.5G 设备。

（7）根据 SW－A 平面设备组网需要，配置外置集成式光路子系统设备。

（8）充分利用现有的设备、板卡、机房、纤芯资源，节省投资。

（9）对电源、屏位不满足设备安装需求的站点进行电源、机房改造。

（10）新增设备纳入已有网络管理系统管理。

4.2.4　建设规模

SCH 省电力公司省级传输网采用 SW－A、SW－B 双平面架构。其中 SW－A 平面为 SDH 网络，SW－B 平面为 OTN 网络。生产控制类业务承载以 SW－A 平面为主，管理信息类业务承载以 SW－B 平面为主。

目前，SCH 省级 SDH 网络（简称"SW－A"平面），由骨干网和接入网组成，其中骨干网分为 SW－A－1 网和 SW－A－2 网。主要承载了继电保护、安稳、调度电话、调度数据网、500kV 数据通信网等生产控制类业务。

SW－A－1 网由川西南 10G 环网、川北 10G 环网及川西南、川北接入网组成，采用中兴传输设备组网。

SW－A－2 网由川西南 2.5G 环网、川东南 10G 环网、川西 2.5G 环网及川东南、川西南接入网组成，采用中兴、华为、ECI 三个厂商传输设备组网。根据规划及前期工程建设情况，SW－A－2 网采用华为设备逐步替换依赛老旧停产设备，最终形成由华为设备组网的传输平面。

SCH 省级骨干通信网优化改造的主要目的是根据业务带宽需求分析、通信网现状评估，在合理利用现有光缆、传输网络资源的情况下，对国网 SCH 省电力公司省级传输网 SW－A－1 网、SW－A－2 网及 SW－B 平面核心传输网进行优化改造，全面提升了 SW－A－1 网、SW－A－2 网带宽，优化了 SW－B 平面核心网网络拓扑结构，扩大了 SW－A 平面、SW－B 平面覆盖面，优化网络拓扑结构，提高了传输网络的安全性、稳定性、高效性，满足了国网 SCH 省电力公司电力生产运行发展的需求，建设了一张坚强的、可靠的光传输网。

本次优化改造工作 SW－A 平面优化改造总体规模如下：

（1）扩容 SW－A－2 网华为光传输系统，新增 54 套 10G 光传输设备和 55 套 2.5G 设备,扩大 SW－A－2 网覆盖面,将其覆盖至所有地市公司及大部分 500kV 站点,同时替换川西、川东南 55 个站点的老旧停产华为、依赛设备。

(2)扩容 SW－A－1 网中兴光传输系统,新增 18 套 10G 光传输设备,利旧 6 套设备,将其覆盖至张公、杨胡、川东南 10 个地市公司,并替换骨干网 10 个站点的老旧停产设备,实现了对川东南片区骨干站点的延伸覆盖。

4.2.5 网络现状

经过多年发展,SW－A 平面逐渐形成了骨干网和接入网双层拓扑结构。其中骨干网核心及汇聚站点设备双重化配置,接入网站点为单设备配置。SW－A 平面骨干网又分为 SW－A－1 网和 SW－A－2 网。

SW－A－1 网已覆盖攀枝花、凉山、雅安、乐山、眉山、甘孜、阿坝、成都、天府新区、德阳、绵阳、广元、巴中、达州、广安、南充、内江、自贡、资阳、宜宾、泸州 21 个地区 500kV、部分换流站、220kV 站点及攀枝花、凉山、雅安等 12 个地市公司,由川西南、川北 2 个 10G 光网络及 2.5G、10G 链路组成,采用中兴 SDH 光传输设备。

SW－A－2 网已覆盖巴中、达州、广安、南充、内江、自贡、资阳、宜宾、泸州、遂宁 10 个地区 500kV 和部分 220kV 站点,及攀枝花、凉山、雅安、乐山、眉山、甘孜、阿坝、成都、天府新区、德阳、绵阳、广元 10 个地区部分 500kV 站点,由川东南 10G 光网络,川西南、川西 2 个 2.5G 光网络及 2.5G、10G 链路组成,采用中兴、华为、依赛三个厂商的 SDH 光传输设备。

接入网由 16 个片区接入网组成,站点为单设备配置,16 个片区接入网约 750 个网元就近接入 SW－A 平面骨干网。SW－A 平面已覆盖省公司、备调、22 个地市公司、220kV 及以上变电站(换流站)及直调电厂。

省网 SW－A 平面由 SW－A－1 和 SW－A－2 两个平面构成,其平面网拓扑图(现状)如图 4－1、图 4－2 所示。

SW－A 平面骨干网拓扑图(现状)如图 4－3 所示。

4.2.5.1 承载业务

SW－A 平面主要承载 500kV 线路及部分 220kV 线路继电保护信息、安全自动控制、调度自动化、调度交换、行政交换、信息内网、信息外网、数据通信网、电视电话会议、视频监控、雷电监测、保护信息、行波测距等电力生产和管理业务,是 SCH 电网安全、可靠、稳定运行的重要保障。

4.2.5.2 SW－A 平面光传输网络网管系统

SW－A 平面光传输网络共配置了三套网管系统:中兴 E300 网管、华为 iManager T2000 V2 R7 网管、依赛 LightSoft V6 网管,分别用于管理在运中兴、华为、依赛设备。

4.2.6 网络状态评估及存在问题

国网 SCH 省电力公司省级传输网经过多年的建设发展,已形成覆盖省公司、备调、各地市公司以及直调厂站的省级光传输网,为各类生产调度管理业务提供了安全可靠的传

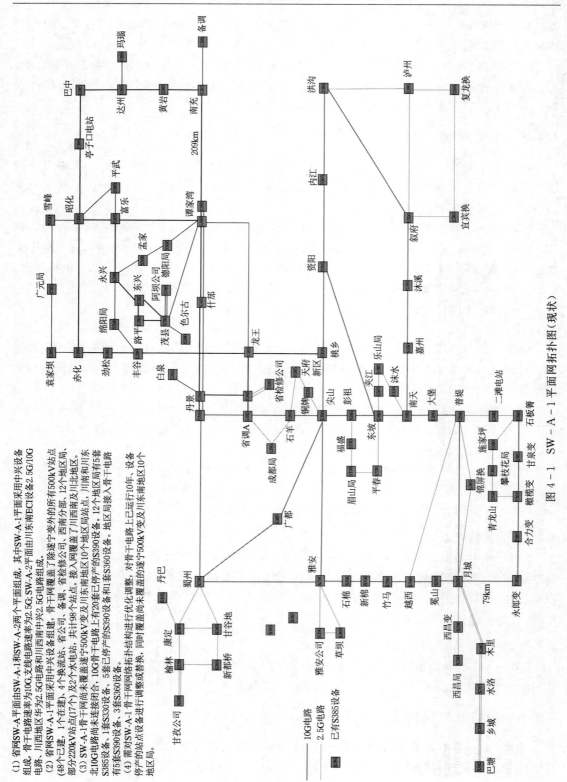

图 4-1　SW-A-1 平面网拓扑图（现状）

（1）省网SW-A平面由SW-A-1和SW-A-2两个平面组成，其中SW-A-1平面采用中兴设备组成，骨干电路速率为10G，支线电路和川西南由中兴2.5G，SW-A-2平面由川东南ECI设备2.5G/10G电路，川西南地区华为2.5G电路组建。

（2）省网SW-A-1平面采用中兴设备组建，骨干网覆盖了除遂宁变外的所有500kV站点（48个已建，1个在建）及2个220kV站点（17个）及2个水电站，4个换流站。省会公司，备调，12个地区，部分2个220kV站点（17个）及2个水电站，4个换流站。省会公司，备调，12个地区，接入地区。

（3）SW-A-1骨干网干网覆盖遂宁500kV变及川东南地区10个地区S390设备。接入地区局有5套S388设备，1套S330设备，3套S360设备。地区局接入骨干电路北10G电路尚未连接闭合，10G骨干电路上已运行10年，设备有5套S390设备，3套S360设备。

（4）需对SW-A-1骨干网网络拓扑结构进行优化调整，对骨干电路上已运行10年，设备停产的站点设备进行调整或替换，同时覆盖尚未覆盖的遂宁500kV变及川东南地区10个地区局。

图例：
—— 10G电路
—— 2.5G电路
▥ 已有S385设备

66

（1）省网SW-A平面由SW-A-1和SW-A-2两个平面组成，其中SW-A-1平面采用中兴设备组成，骨干电路速率为2.5G；支线电路速率为2.5G；SW-A-2平面由川西南ECI设备2.5G/10G电路，川西地区华为2.5G电路和川西南中兴2.5G电路组成。

（2）省网SW-A-2平面骨干网由川西南中兴2.5G环网，川西南ECI的10G环网和2.5G链路组成，骨干网覆盖丁骤川北地区的所有500kV站点(44个已建)，2个换流站、省公司A、省调、省检修公司。西南分部，12个地区，部分220kV站点(17个)及2个水电站，共计98个站点。接入网包括川西华为接入电路，川东南接入电路，接入电路速率为155M/622M/2.5G。

（3）SW-A-1骨干网尚未覆盖遂宁500kV变及川东南地区10个地区局站点，川南和川东北10G电路尚未连接成环，10G骨干电路上有20套已停产的S390设备。12个地区局需接入骨干电路。
S385设备、1套S330设备、5套已停产的S390设备各1套S360设备及有5套S390设备，3套S360设备。

（4）需对SW-A-1骨干网络拓扑结构进行优化调整，对骨干电路上已运行10年，设备停产的站点设备进行调整更换或替换，同时覆盖尚未覆盖的遂宁500kV变及川东南地区10个地区局。

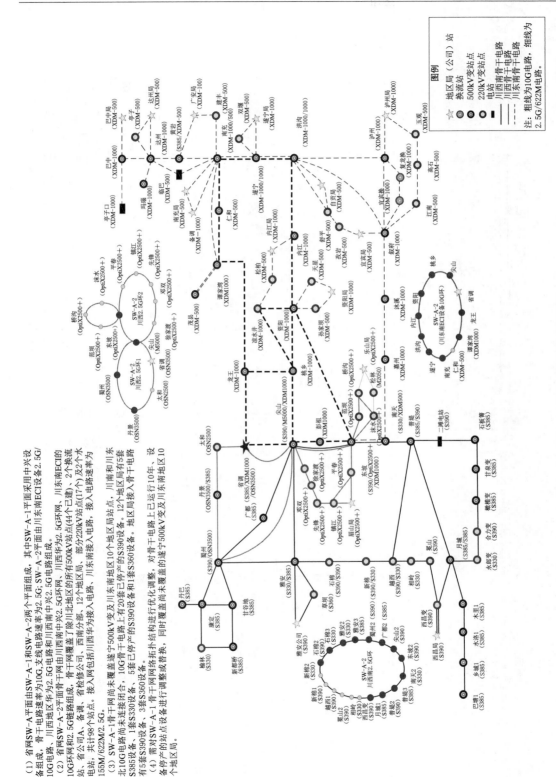

图 4-2 SW-A-2 平面网拓扑图（现状）

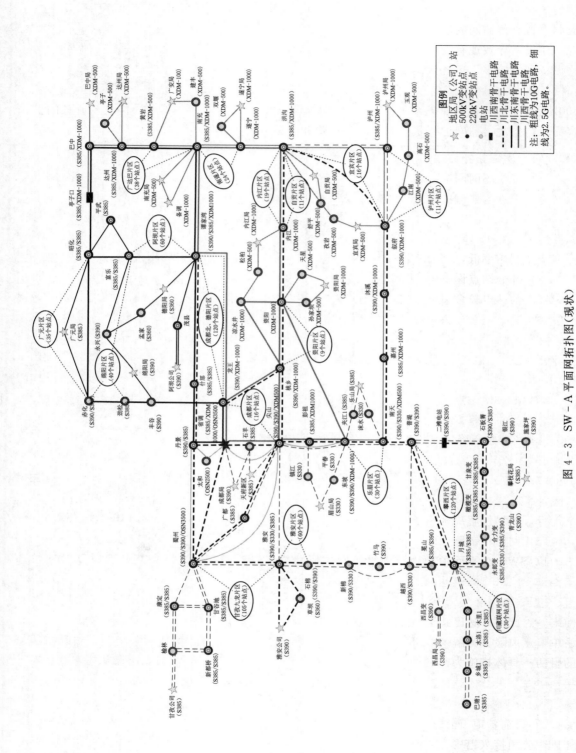

图 4 - 3　SW - A 平面网拓扑图（现状）

输通道，为 SCH 电网的安全、正常运行提供了良好的保障。但受电网建设时序和资金的限制，省级传输网的建设时序不一致，几个骨干环网都是分期分批建设的，缺乏统一规划统一建设，导致现有的网络结构不够合理、带宽资源紧张、部分电路已出现带宽瓶颈。加之设备种类较多，运行多年后部分设备停产、部分设备老化、故障率逐年增加，这都给传输网带来一定的安全隐患。同时，国网 SCH 省电力公司省级调度数据网骨干网、接入网、500kV 数据通信网等业务系统的带宽需求大幅提升，省级传输网已不能满足上述业务的扩容需求，省级传输网运行状态存在诸多风险和问题。

4.2.6.1 网络拓扑评估

（1）10G 环网网络结构有缺陷，带宽利用率低，可靠性不高。省级骨干传输网是随着电网的建设逐步建成的，由于受当时光缆少、资金紧张、传输设备性能不高、建设时序不一致等多种因素的限制，全网只建成了 3 个 10G 的 1＋0 骨干环网。现有的川东南、川西南环网网孔过大，环上站点较多，保护路由经过站点多，环上保护带宽占用多，导致整个环网带宽利用率低，部分站段出现了带宽瓶颈，不能满足新增业务的需求。

（2）部分站点设备性能较低，槽位数量较少，接入站点较多。骨干环网上的部分站点，接入的站点较多，而早期配置的传输设备，部分采用内置光放，光口基本为单光口，槽位占用多，两套设备都不能满足站点的接入需求，导致站内出现了多套设备堆叠的现象，网络结构不合理，交叉时隙占用过多，增加了环网故障点，同时也不利于网络扩容。

（3）SW－A－1 网、SW－A－2 网部分站点双环设备停产，存在一定的安全隐患。SW－A－1 网、SW－A－2 网在雅安、石棉、越西、月城、普提等站点组成的双环网覆盖站点相同，环上 220kV 站点较多，部分站点（如越西、冕山、大堡站）地处偏远地区，交通不便，运行维护条件较差。加之环上部分站点（如雅安、尖山、石棉等）的双套设备均已运行多年，设备可靠性下降，设备停产，备品备件无法保障。一旦设备故障、恢复时间较长，可能造成电路中断时间较长，网络可靠性得不到保障，应解决这些站点的设备可靠性问题。

（4）地市公司未实现双设备覆盖。目前，22 个地市公司均为单设备运行，一旦设备故障，将造成调度数据网骨干网、接入网和 500kV 数据通信网业务中断，影响电网的安全运行，需尽快解决地市公司的设备安全隐患问题。

（5）网络单链路。

1）SW－A 平面中的川东南光环网主环网并未包括黄岩、达州、巴中三个 500kV 站点。黄岩一个方向直达南充，另一个方向从达州至临巴电厂后仍接入 500kV 南充站。黄岩、达州、巴中三站作为支线假双节点接入 500kV 南充站，并未形成真正意义上的环状网络。因此"广达巴片区"至省调的重要生产型业务均通过南充站，在一定程度上存在网络单节点风险。为解决以上问题，拟从末梢节点搭建光路让光环网从网架结构上达到闭环的目的。具体措施为：利用 OTN 电路建设巴中-谭家湾的电路，与川东南谭家湾站点相连接，用以实现"广达巴片区"真正意义上的两点接入，使川东南光环网延伸至"广达巴片区"，彻底实现该环网的骨干网闭合，提高环网运行的稳定性。

2）目前各地市公司均只配置了 1 套省网传输设备，部分地市公司单点接入骨干环网，如巴中公司接入巴中变、达州公司接入达州变、自贡公司接入洪沟变等，在一定程度上存在网络单节点风险。为解决以上问题，拟在各地市公司再配置 1 套省网传输设备，同时就近两点接入骨干环网，一方面解决了地市公司单设备配置的问题，另一方面提高了地市公司接入骨干网的传输带宽，达到加强网络结构、提高地市公司汇聚节点的可靠性的目的。

（6）网络大环。

在进行 SDH 网络规划设计时，单环时站点数量不宜过多，环网节点数量在 10 个节点以上为网络大环，环上节点个数越多，出现双节点故障的概率就越高。SCH 电力省级光传输网 SW－A 平面网主要由川东南、川西南、北川 SDH10G 光环网、西南 2.5G 光环网、2.5G 支线电路和各地市公司接入电路组成，现有的川西南环网网孔过大，环上站点较多，保护路由经过站点多，环上保护带宽占用多，导致整个环网带宽利用率低，部分站段出现带宽瓶颈，不能满足新增业务的需求。同时，环上设备停产率高达 50％～61％，环上有 10 套停产设备运行时间达 10 年，一旦设备故障，备品备件无法保障，影响故障及时排除，会造成环上承载的大量生产调度业务中断，存在很大的安全隐患。

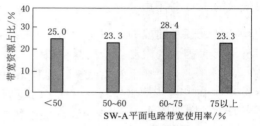

图 4－4　SW－A 平面网带宽资源占比图

4.2.6.2　网络带宽容量评估

调度数据网骨干网、接入网、500kV 数据通信网、省级数据通信网等业务系统的带宽需求将大幅提高，SW－A 平面网带宽资源占比如图 4－4 所示，SW－A 平面网带宽统计表见表 4－1，从表 4－1 中的统计数据可以看出，现有 SW－A 平面网络无法满足相关业务发展带宽需求，还存在如下问题。

表 4－1　　　　　　　　　　SW－A 平面网带宽统计表

序　号	带宽使用率/%	数量/段	比例/%
1	＜50	15	25.0
2	50～60	14	23.3
3	60～75	17	28.4
4	＞75	14	23.3

（1）从表 4－1 中数据可以看出，SW－A 平面带宽占有率超过 75％的高达 23.3％，现有骨干环网带宽资源严重不足，难以满足未来调度数据网、数据通信网等业务的需求，必须升级扩容。

（2）根据网管资源统计情况，川西南地区平均带宽占有率为 65％，川西南环网上新增的业务约为 6390M，剩余带宽资源已不能满足新增业务的需求，如东坡-南天站段带宽占有率为 88.63％、剩余带宽 1705M、新增业务 5570M，蜀州-雅安站段带宽占有率为 75.2％、剩余带宽 3100M、新增业务 7055M。需将 2.5G 骨干环网电路升级到 10G 电路，以满足各个业务系统对通道的需求。

（3）根据网管资源统计情况，各地市公司新增业务均超过 2500M，现有的地区接入电路容量不能满足新增业务的需求，如自贡公司新增业务为 9180M，眉山公司为 4092M，地市公司接入骨干网的接入电路速率应按照 10G 电路建设。

4.2.6.3　链路带宽瓶颈

当网络中业务饱和度较高时，瓶颈链路的阻塞或中断可能导致分布在电路公司中的向上业务量受到影响。瓶颈链路是网络中决定业务提供能力和容量利用率、影响网络生存性的关键性链路。一旦网络中的瓶颈链路容量耗尽或者失效中断，将直接导致网络被分割成若干彼此之间不具备连通性的孤立区域。

根据网管资源统计情况，骨干网瓶颈链路数量为 49 条，这些瓶颈链路的阻塞或中断将导致分布在骨干网约 80％的电路业务量受到影响，占总业务量的比例约为 80％。

需对 SW‐A 平面网中的瓶颈链路进行扩容，将川西、川西南 2.5G 环网、部分 2.5G 链路升级为 10G，并扩大覆盖面，形成覆盖全网的多个小环网，提升骨干网的传输能力，解决带宽资源紧张的问题。同时，应疏导骨干网瓶颈链路上的业务负荷，将部分业务调整到新增的 10G 骨干电路上传输。

4.2.6.4　设备评估
1. 设备现状

国网 SCH 省电力公司省级传输网 SW‐A 平面全网采用中兴、依赛和华为三家公司的传输设备，截至 2019 年 12 月 31 日，共计 966 套传输设备。省网 SW‐A 平面传输设备品牌占比统计图如图 4‐5 所示。

SW‐A 平面骨干网主要由川西南、川东南、川北 3 个 10G 骨干环网、川西 2.5G 环网组成，已覆盖省公司、备调、22 个地市公司、500kV 变电站和 220kV 枢纽变站点。川西南、川北传输网采用中兴公司的设备，川东南传输网采用依赛公司的设备，川西传输网采用华为公司的设备，骨干网共计约 140 套设备。

2. 存在的问题

（1）地市公司单 SDH 设备配置，可靠性不足。网络中 22 个地市公司有 13 个地市公司的设备停产，15 个地市公司的设备不支持

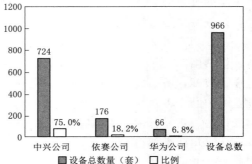

图 4‐5　省网 SW‐A 平面传输设备品牌占比统计图

10G。从总体看，地市公司设备性能不高，停产率高达 59％，一旦设备故障，备品备件无法保障，将影响故障及时排除，会造成地市公司调度交换、调度数据网等业务中断的问题，存在很大的安全隐患。

各地市公司均为国网调度数据网骨干网一平面、二平面、省级接入网、地区接入网汇聚节点，也是省级数据通信网的汇聚节点，对通道的可靠性要求高。特别是承载在省级 SDH 传输电路上的调度数据网骨干网一平面和省级接入网，要求各地市公司汇聚节点至省调、备调及核心汇聚节点的通道要满足双设备、双路由的要求。目前，省骨干传输网中的各地市公司汇聚站点只配置了单套 SDH 传输设备，不满足 SW‐A 平面的省网汇聚站点需双设备配置的要求，也与调度数据网的双设备要求不匹配，存在设备安全隐患的问题。

（2）全网设备停产率较高，保障困难，存在安全隐患。全网停产设备总数为 196 套，占全网设备的 38.1％；其中：中兴公司设备停产总数为 66 套，占中兴设备的 20.5％；依赛公司设备停产总数为 101 套，占依赛设备的 68.7％；华为公司设备停产总数为 29 套，占华为设备的 63％。全网停产设备比例较大，特别是依赛设备和华为设备的停产率超过一

半，这给全网的安全运行带来了很大的压力，设备的安全隐患问题应尽快解决。

设备停产，备品备件没有保障，故障板件不能更换，故障不能及时排除，将影响传输网的稳定运行，急需解决设备安全性降低的问题。

（3）川东南环网主要节点设备老化或停产，保障困难，性能不佳。川东南环网建于 2003 年，在运时间超过 10 年。500kV 洪沟变、500kV 尖山变、500kV 龙王变、500kV 南充变及仁和站点等网元均已出现老化现象，光模块、交叉板、时钟板等关键部件故障率逐年升高。川东南光环网 2016 年板卡故障总计 52 块，较 2015 年同期故障数量上升 10％，其中光板及光模块 23 块、主控板 4 块、电源模块 20 块、其他 5 块。同时，由于川东南光传输系统采用依赛 XDM 系列 MSTP 设备组网，设备商在故障板件更换及维修方面的力度较弱，极大影响了川东南环网的稳定运行，急需解决环网设备安全性降低的问题。

（4）川西南 10G 环网设备陈旧，影响环网安全可靠运行。目前川西南 10G 环网共计 17 个站点，其中有 11 个站点的设备停产，停产率高达 61％；同时，环上 10 套停产设备运行时间达 10 年，一旦设备故障，备品备件无法保障，将影响故障及时排除，会造成环上承载的大量的生产调度业务中断，存在很大的安全隐患。应通过设备调整、增加备品备件等措施解决设备安全隐患问题。

（5）川西南 2.5G 环网设备陈旧，备份设备停产、不支持 10G，影响环网升级扩容。目前川西南 2.5G 环网共计 18 个站点，其中 9 个站点的设备停产，停产率高达 50％。一旦设备故障，备品备件无法保障，将影响故障及时排除，会造成环上承载的大量的生产调度业务中断，存在很大的安全隐患。不具备扩容条件的设备达 13 套，应通过设备调整、增加设备、备品备件等措施解决设备的安全隐患问题及电路的升级扩容。

（6）川西南部分站点 2.5G、10G 双环设备均已停产、不支持 10G，存在安全隐患。川西南 2.5G、10G 双环网中的蜀州、石棉、尖山、普提、东坡 5 个站点均为中兴 S390 设备，设备运行时间较长、设备停产，一旦设备故障，备品备件无法保障，将影响故障及时排除，会造成环上承载的大量的生产调度业务中断，存在很大的安全隐患。应通过新增设备或调整设备解决设备的安全隐患问题。

（7）川西 2.5G 环网设备成旧，备份设备停产、不支持 10G，影响环网升级扩容。川西 2.5G 环网中 3 个 2.5G 环上 14 个站点中，有 10 个站点的设备停产（其中已运行 10 年的有 12 套），停产率高达 70％，一旦设备故障，备品备件无法保障，将影响故障及时排除，会造成环上承载的大量的生产调度业务中断，存在很大的安全隐患。不具备扩容条件的设备达 10 套，应通过设备调整、增加设备、备品备件等措施解决设备的安全隐患问题及电路的升级扩容。

（8）SW-A 平面骨干核心站点交叉矩阵达到使用上限，不满足业务发展的需求。根据对川西南、川北骨干核心环网中重要节点设备交叉矩阵的使用情况进行统计分析，省调、龙王、蜀州、尖山、月城等站点在川西南片区中的设备交叉矩阵使用率均达到 80％以上，已无法满足业务发展的需求，无法保证调度数据网、数据通信网等业务带宽大幅增长的发展趋势；丹景、雅安、谭家湾、东坡、普提等站点在川西南片区中的设备交叉矩阵使用率在 60％～80％之间，随着业务增加，近几年将达到使用上限；上述站点一旦设备发生故障，势必影响其承载的大量生产调度业务中断，存在很大的安全隐患，不满足国家电网公司的生产技术改造原则。

此外，中兴公司 S390 设备已停产，无法升级交叉矩阵，存在安全隐患。

（9）风险设备数量较多，存在较大的安全隐患。网络中单套 SDH 光传输设备上承载的主保护业务较多，一旦该 SDH 光传输设备故障，将造成 8 条及以上线路出现一套主保护的通信通道全部不可用，导致设备事件的发生，对安全生产带来威胁。

根据统计，网络中重载设备 119 套（重载设备即承载继电保护、安控业务总数超过 8 条的设备），占省公司资产设备总数的 22%，其中运行时间超过 10 年的共 22 套，承载总（分）部业务的共 9 套。全省 500kV 站点中，共计 79 套设备重载，其中单站两套及以上设备均重载的站点共 19 个，31 个 220kV 站点共计 31 套设备重载。

（10）部分站点设备陈旧，交叉矩阵配置较低，槽位数量较少，接入站点较多，无法满足电路的扩容升级。

4.2.6.5 辅助系统评估

1. 网管异地备份

SW－A 平面共配置 3 套网管系统，其中：

依赛 LightSoft V6 网络管理系统主用服务器采用分层管理模式，分别配置网络级管理系统 NMS 和网元级管理系统 EMS，放置于 SCH 省公司辅楼 2 楼省调中心通信机房；备用服务器放置于南充备调通信机房。主、备用服务器通过川东南片区 SDH 传输通道于每日 23：00 同步数据。

中兴 ZXONM E300 网元级管理系统服务器（Server），均放置于 SCH 公司辅楼二楼省调中心通信机房。在南充备调通信机房也可通过登陆客户端（Client）进行操作，其连接至省调中心通信机房服务器的通道由 SW－A－1 网＋波分 DWDM 网络承载。

华为 iManager T2000 传送网子网级管理系统服务器分别放置在 SCH 公司辅楼二楼省调中心通信机房和南充备调机房。新棉片区 21 个网元属于并网电厂资产，由信通公司监视运行，使用 iManager NES 网元级网管系统，服务器放置于 SCH 公司辅楼二楼省调中心通信机房。

随着电网业务的发展，其配套的传输网络日益扩大，网络的管理问题也日益显著。由于担心运行风险，各传输网网管从未升级，导致网管老化，不能适应业务调度需求，操作有较大风险。计划通过通信网管网的建设，同步升级现有的各传输网网管系统，以适应业务调度需求。

2. 网管通道

未开通网管网专用通道或专用网络，各站点传输设备自动生成网元并传送至网管系统中。在建的通信网管网，用于连接省公司网管服务器集群、南充备调网管服务器以及 22 个地市公司传输系统网管服务器，同时为 SW－A 平面提供带外网管通道。

4.2.6.6 运行风险分析

如前所述，目前 SCH 电力公司省级骨干传输网网络大而不强，无法为电网"三道防线"提供安全可靠的支撑保障，一旦重要通道或断面发生通信设备或光缆 $N-2$ 故障，都可造成 220kV 及以上线路失去主保护或系统无安控运行，系统将被迫拉停线路并停运大量负荷，轻则降低电网安全运行水平，重则直接导致电网事故。

（1）核心站点 500kV 尖山变安全风险。站内两台中兴传输设备均已运行超过 10 年，设备停产且无备件供应。2017 年至今，已发生设备板卡故障三起，分别造成 3 条、6 条、4 条 220kV 及以上线路单套保护中断，利用现有库存备件更换消缺后，备件已近耗尽。目前两台设备分别承载了 35 条/32 条保护安控业务，一旦发生设备 N−1 故障，将导致 12 条 220kV 及以上线路保护安控业务同时中断，造成六级设备事件；在此期间，如果另一台设备或光缆并发故障，将导致 6 条 500kV 线路失去主保护，按规定线路将陪停，易导致成都、天府新区部分片区拉闸限电并停运大量负荷，造成严重电网事件。

（2）核心站点 500kV 普提变存在巨大风险。站内两台中兴传输设备已分别运行 14 年和 13 年，目前设备已停产且无备件供应。2017 年至今，已发生设备板卡故障两起，分别造成 7 条、5 条 220kV 及以上线路单套保护中断，利用现有库存备件更换消缺后，备件已近耗尽。目前两台设备分别承载了 23 条和 22 条保护安控业务，一旦发生设备故障，将导致超过 10 条 220kV 及以上线路保护安控业务同时中断；在此期间，如果另一台设备或光缆并发故障，将导致 8 条 500kV 线路失去主保护，按规定线路将陪停，易导致凉山、攀枝花、乐山等片区拉闸限电，并停运大量负荷。

（3）地市公司中心站设备发生故障，将导致地市调度数据网业务全中断，严重影响该省电网安全稳定运行。

4.2.7　业务需求分析

4.2.7.1　业务种类及承载方式

目前，电力公司通信业务主要分生产控制类业务和管理信息类业务两大类。生产控制类业务主要包括继电保护、安全稳定装置、电力调度自动化、调度电话交换网等；管理控制类业务主要包括数据通信网、行政电话交换网、电视电话会议系统等。通信业务承载方式如图 4-6 所示，同时见表 4-2。

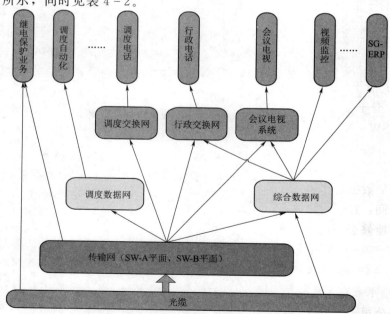

图 4-6　省公司电力通信业务承载方式示意图

表 4 - 2 通 信 业 务 承 载 方 式

序 号	业 务 类 型	带 宽	承 载 网 络	
			SW - B 平面	SW - A 平面
1	继电保护业务	$N \times 2M$		√
2	调度交换网	$N \times 2M$		√
3	行政交换网	$N \times 2M$		√
4	会议电视系统	$N \times 2M$（专线＋数据通信网）		√
5	调度数据网骨干网一平面	$2 \times 155M$		√
6	调度数据网骨干网二平面	12M（初期），GE（后期）	√（后期）	√
7	调度数据网接入网	$2 \times 155M$		√
8	500kV 数据通信网	155M、10GE	√	√
9	省级数据通信网	622M（备用）、10GE（主用）	√（主通道）	√（备用通道）
10	调度子站 D5000 延伸系统	30M/200M		√
11	无线专网	100M（初期），500M（后期）	√（后期）	√（初期）

4.2.7.2 通道组织原则

本工程主要涉及的业务为调度数据网、500kV 数据通信网、省级数据通信网、调度子站 D5000 延伸系统业务，这些业务的通道组织原则如下。

（1）调度数据网骨干网一平面业务。骨干节点—骨干节点之间：$2 \times 155M$；地市骨干节点—省调节点：SW - A 平面；地市骨干节点—备调节点：SW - A 平面；地市骨干节点—地市骨干节：SW - A 平面。

每个地市骨干节点至两个不同骨干节点的 $2 \times 155M$ 通道承载在 SW - A 平面上。至两个不同汇聚节点的 $2 \times 155M$ 通道分别承载在 SW - A - 1 和 SW - A - 2 电路上。

（2）调度数据网骨干网二平面业务。骨干节点-骨干节点之间：$2 \times 12M$。

（3）调度数据网接入网。骨干节点—骨干节点之间：$2 \times 155M$；接入节点—骨干节点之间：$2 \times 2M$；骨干节点—核心节点省调 A：SW - A 平面；骨干节点—核心节点省调 B：SW - A 平面；骨干节点—核心节点（自贡、乐山、南充节点）：SW - A 平面；骨干节点—骨干节点：SW - A 平面。

每个骨干节点至两个及以上不同方向核心/骨干节点的 $2 \times 155M$ 通道承载在 SW - A 平面上。至不同汇聚节点的 $2 \times 155M$ 通道分别承载在 SW - A - 1 和 SW - A - 2 电路上。

（4）500kV 数据通信网。核心节点—省检修公司之间：$2 \times 155M$、10GE；核心节点—核心节点之间：155M、10GE；汇聚节点—核心节点、汇聚节点之间：155M、10GE；核心节点—省检修公司之间：SW - A 平面、SW - B 平面；核心节点—核心节点之间：SW - A 平面、SW - B 平面；汇聚节点—核心节点之间：SW - A 平面；汇聚节点—汇聚节点之间：SW - A 平面。

155M 通道承载在 SW - A 平面上，10GE 通道承载在 SW - B 平面上。

目前检修公司及分部没有 OTN 设备，要求 10GE 通道的电路，暂承载在 SW - A 平面上，按 $2 \times 155M$ 考虑，待 SW - B 扩容后再调整为 10GE。

利用已有波分电路提供 10GE 通道电路的站段，同时利用 SW－A 平面提供 1 个 155M 备份通道。

（5）调度子站 D5000 延伸系统。省检修公司—省公司：200M；其他每个通道：30M。调度子站 D5000 延伸系统业务均承载在 SW－A 平面上。

（6）省级数据通信网。

核心节点—省公司：10GE；

核心节点—核心节点：10GE；

地市公司第一汇聚节点—核心节点：10GE（终期）；

地市公司第二汇聚节点—核心节点：10GE（主用通道），622M（备用通道）；

地市公司第一汇聚节点之间：10GE（终期）；

地市公司第一汇聚节点—地市公司第二汇聚节点：10GE（主用通道），622M（备用通道）；

622M（备用通道）：承载在省级 SDH 骨干传输网（SW－A 平面）上；

10GE（主用通道）：承载在 SW－B 平面 OTN 核心网络上。

（7）无线专网。

地市公司—省公司：100～500M；

地市公司—备调：100～500M/622M（备用通道）；

承载在 SW－A、SW－B 平面上。

4.2.7.3　带宽需求统计分析及预测

1. 调度数据网业务需求及统计

目前，SCH 省级调度数据网骨干网按双平面建设，一、二平面组网方式相同，一平面传输带宽为 155Mbit/s，主要承载于 A 平面 SDH 设备上，二平面传输带宽为 GE，承载于 B 平面 OTN 设备上。SCH 省级调度数据网一、二平面拓扑结构图如图 4－7 所示。

图 4－8 为调度数据网接入网的拓扑结构及带宽需求，目前，通道带宽为 5×2M，调度数据网带宽近期升级为 2×155M，承载在省级传输网 SW－A 平面上。

SCH 省级调度数据网接入网拓扑结构图如图 4－8 所示。

2. 省运检公司调度子站 D5000 系统业务需求

省运检公司运维分部共 8 个点：成都、南充、自贡、西昌、乐山、绵阳、雅安分部及特高压分部。

省运检公司调度子站 D5000 延伸系统的通道需求中，目前主要考虑省检修公司至省公司、500kV 变电站和运检分部的通道，至省公司的通道为 200M，其他每个通道为 30M，承载在 SW－A 平面上，延伸系统通道需求见表 4－3。

3. 省级数据通信网业务需求

目前，省级数据通信网选取 500kV 洪沟、南充、谭家湾、尖山、雅安 5 个变电站和省公司本部、第二汇聚点为核心节点，核心节点之间通过 OTN 通道，构成 10G 的半网状结构；地市公司本部、地市公司第二汇聚点通过 OTN 10G 通道，双点接入两个不同的 500kV 变电站，形成口字形结构；省级数据通信网络通过省公司本部、南充第二汇聚点双点接入国网公司骨干数据通信网，带宽为 10G。

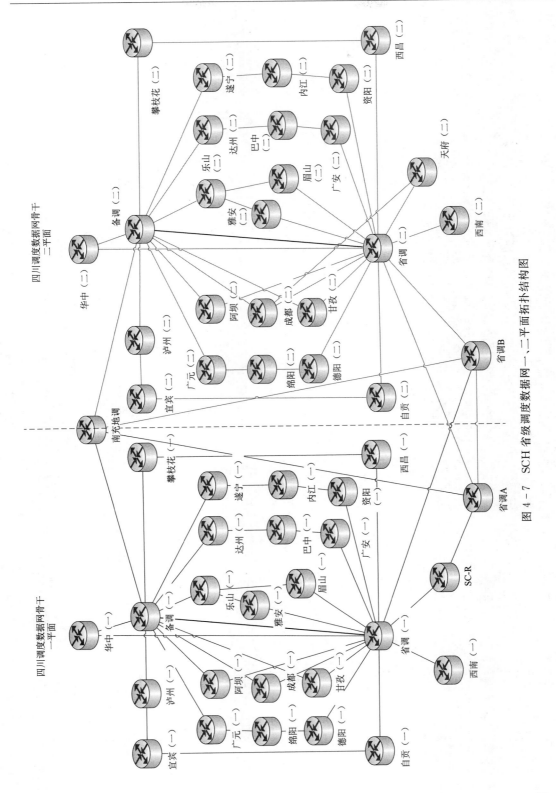

图 4-7 SCH 省级调度数据网一、二平面拓扑结构图

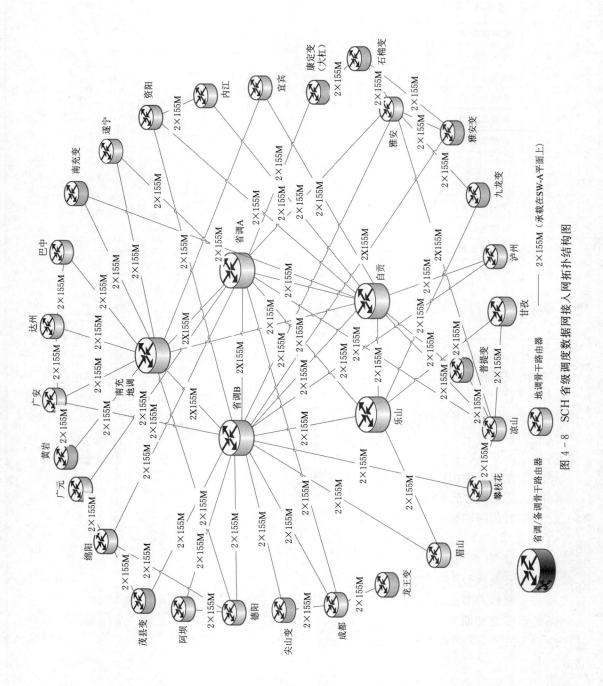

图 4 - 8　SCH 省级调度数据网接入网拓扑结构图

表 4－3 省检修公司 D5000 子站延伸系统通道需求表

序 号	起点	终点	现有带宽/(Mbit/s)	规划带宽/(Mbit/s)	承载电路(SW－A)/(Mbit/s)	备 注
1	省检修公司	省公司		200	200	
2	省检修公司	省公司		200	200	
3	省检修公司	龙王变		30	30	
4	省检修公司	桃乡变		30	30	
5	省检修公司	广都变		30	30	
6	省检修公司	绵阳分部		30	30	
7	绵阳分部	茂县变		30	30	
8	省检修公司	雅安分部		30	30	
9	雅安分部	康定		30	30	
10	省检修公司	西昌分部		30	30	
11	省检修公司	南充分部		30	30	
12	南充分部	达州变		30	30	
13	省检修公司	自贡分部		30	30	
	合计			700	240	业务均考虑保护路由

根据省级数据网规划方案，省级数据通信网业务将由现在的 2.5G 升级到 10GE，网络拓扑结构也将调整为星形结构，即采用各地市公司直接双联到省公司 A、省公司 C 的星形结构。

各地市公司汇聚节点分别组织一个不同路由的 10GE 主用通道至省公司 A、C 两个核心节点，承载在 SW－B 平面上。各地市公司汇聚节点分别组织一个 622M 备用通道至南充备调核心节点，备用通道由 SW－A 平面和 SW－B 平面共同承载，其中各地市公司至谭家湾、南充变、尖山变、洪沟变 4 个核心汇聚节点之间的 622M 通道由 SW－A 平面承载；4 个核心汇聚节点至备调的通道承载在 SW－B 平面上。

数据通信网网络拓扑图如图 4－9 所示。

4. 省检修公司数据通信网业务需求

国网 SCH 电力省检修公司数据通信网由省检修公司核心节点、谭家湾、洪沟、南充、尖山、雅安变核心汇聚节点以及各 500kV 变和检修分部汇聚节点组成。核心汇聚节点至省检修公司核心节点之间的链路带宽初期为 2×155M，终期为 10GE；各核心汇聚节点之间的链路带宽初期为 155M，终期为 10GE；155M 通道均承载在省级骨干传输网（SW－A 平面）上，10GE 通道均承载在省级骨干传输网（SW－B 平面）上。

48 个 500kV 站点数据通信网通道，目前每个站点带宽约为 10M。根据规划，500kV 站点的三区四区业务为：机器人巡检、高清视频监控、高清视频会议等，每个站点通道需求共计约为 50～155M，利用 SW－A 平面提供 155M 通道，采用 155M/POS 接口。

省检修公司数据通信网拓扑图如图 4－10 所示。

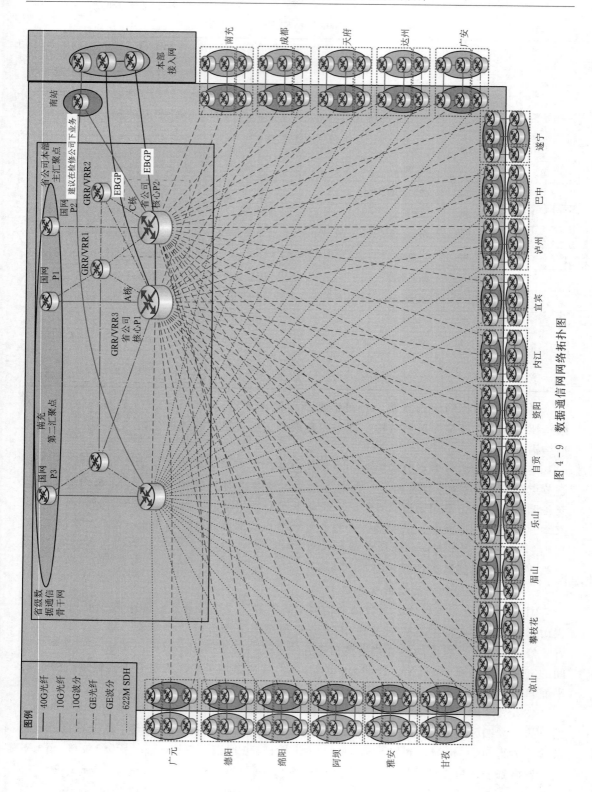

图 4 - 9　数据通信网网络拓扑图

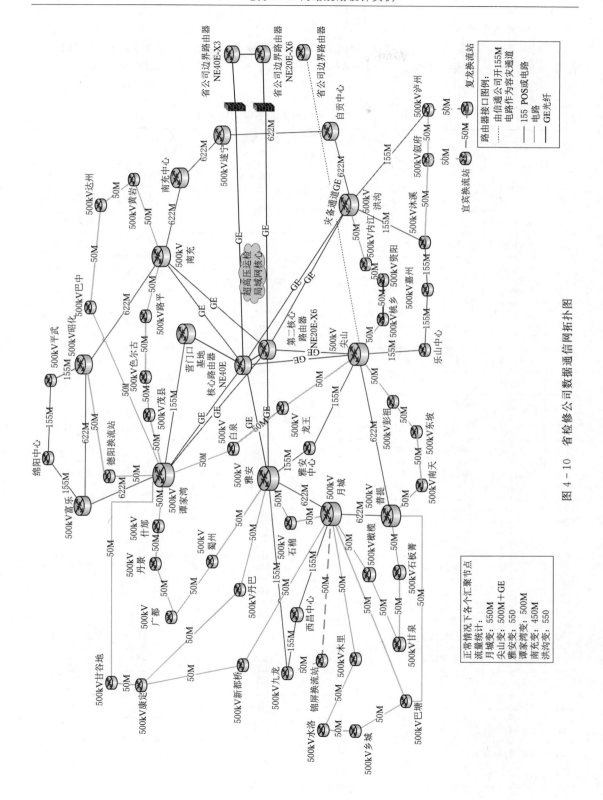

图 4 - 10　省检修公司数据通信网拓扑图

5. 增量业务带宽预测

根据规划，现有各个业务系统对通道的需求将大幅提高，根据各个业务系统对通道的需求分析，除已承载的业务外，未来还将承载在 SW－A 平面骨干 10G 环网业务带宽需求见表 4－4。

表 4－4　　　　　　　　　SW－A 平面骨干 10G 环网业务带宽需求表

序号	断面名称	所属网络	总带宽/(Mbit/s)	已使用带宽/(Mbit/s)	剩余带宽/(Mbit/s)	带宽占用率/%	新增带宽/(Mbit/s)	备 注
1	省调-石羊	川西南	10000	6125	3875	61.25	1822	需新建 10G 电路
2	石羊-尖山	川西南、川北	10000	8295	1705	82.95	1922	需新建 10G 电路
3	省调-尖山	川西、川东南	12500	8470	4030	67.76	12218	需新建 10G 电路
4	省调-丹景	川西南、川北	20000	10390	9610	51.95	7895	需新建 10G 电路
5	省调-蜀州	川西南	10000	5350	4650	53.50	4478	需新建 10G 电路
6	省调-龙王	川东南、川北	20000	13025	6975	65.13	10486	需新建 10G 电路
7	尖山-广都	川西南	12500	9865	2635	78.92	4405	需新建 10G 电路
8	广都-蜀州	川西南	12500	9865	2635	78.92	4405	需新建 10G 电路
9	蜀州-丹景	川西、川西南	12500	9710	2790	77.68	4039	需新建 10G 电路
10	尖山-桃乡	川西南	20000	13180	6820	65.90	7630	需新建 10G 电路
11	桃乡-资阳	川西南、川东南	20000	14265	5735	71.33	10307	需新建 10G 电路
12	东坡-彭祖	川西南、川东南	22500	15835	6665	70.38	8370	需新建 10G 电路
13	彭祖-尖山	川西南、川东南	22500	15835	6665	70.38	9176	需新建 10G 电路
14	东坡-南天	川西南、川东南	15000	13295	1705	88.63	6844	需新建 10G 电路
15	南天-普提	川西南	12500	9555	2945	76.44	5177	需新建 10G 电路
16	普提-月城	川西南	12500	8315	4185	66.52	3233	需新建 10G 电路
17	月城-冕山	川西南	12500	8315	4185	66.52	2768	
18	冕山-越西	川西南	12500	9400	3100	75.20	4690	需新建 10G 电路
19	越西-普提	川西南	2500	1500	1000	60.00	5265	需新建 10G 电路
20	越西-新棉	川西南	12500	8935	3565	71.48	6214	需新建 10G 电路
21	新棉-石棉	川西南	12500	8780	3720	70.24	6214	需新建 10G 电路
22	石棉-雅安	川西南	12500	8935	3565	71.48	6989	需新建 10G 电路
23	雅安-蜀州	川西南	12500	9400	3100	75.20	6626	需新建 10G 电路
24	普提-二滩	川西南	5000	4070	930	81.40	2077	需新建 10G 电路
25	二滩-石板菁	川西南	12500	4750	7750	38.00	2077	
26	石板菁-甘泉	川西南	12500	5060	7440	40.48	2077	
27	甘泉-橄榄	川西南	12500	5060	7440	40.48	2077	

序号	断面名称	所属网络	总带宽/(Mbit/s)	已使用带宽/(Mbit/s)	剩余带宽/(Mbit/s)	带宽占用率/%	新增带宽/(Mbit/s)	备注
28	橄榄-合力	川西南	12500	5370	7130	42.96	2077	
29	合力-永郎	川西南	12500	5370	7130	42.96	2077	
30	永郎-月城	川西南	12500	5370	7130	42.96	2077	
31	尖山-雅安	川西南	2500	1260	1240	50.40	5194	需新建 10G 电路
32	南天-嘉州	川西南、川东南	12500	5525	6975	44.20	5143	需新建 10G 电路
33	嘉州-沐溪	川西南、川东南	12500	5835	6665	46.68	5143	需新建 10G 电路
34	沐溪-叙府	川西南、川东南	12500	5835	6665	46.68	5143	需新建 10G 电路
35	叙府-洪沟	川西南、川东南	12500	5060	7440	40.48	2373	
36	洪沟-泸州	川西南、川东南	5000	4380	620	87.60	4223	需新建 10G 电路
37	泸州-叙府	川西南、川东南	5000	4225	775	84.50	4405	需新建 10G 电路
38	洪沟-内江	川西南、川东南	20000	11320	8680	56.60	7895	需新建 10G 电路
39	内江-资阳	川西南、川东南	20000	11630	8370	58.15	10227	需新建 10G 电路
40	龙王-丰谷	川北	10000	2405	7595	24.05	5174	
41	丰谷-赤化	川北	10000	2250	7750	22.50	4354	
42	赤化-昭化	川北	10000	2250	7750	22.50	4154	
43	昭化-富乐	川北	10000	3800	6200	38.00	6455	需新建 10G 电路
44	富乐-谭家湾	川北	10000	5350	4650	53.50	4688	需新建 10G 电路
45	谭家湾-丹景	川北、川西南	20000	15195	4805	75.98	5686	需新建 10G 电路
46	谭家湾-茂县	川北	25000	23760	1240	95.04	2852	需新建 10G 电路
47	谭家湾-龙王	川北、川东南	12500	7075	5425	56.60	10126	需新建 10G 电路
48	龙王-桃乡	川西南、川东南	20000	12250	7750	61.25	5705	需新建 10G 电路
49	资阳-东坡	川西南、川东南	20000	10700	9300	53.50	2063	
50	谭家湾-南充	川北、川东南	20000	15505	4495	77.53	15211	需新建 10G 电路
51	南充-遂宁	川东南	12500	6610	5890	52.88	9469	需新建 10G 电路
52	遂宁-洪沟	川东南	12500	6920	5580	55.36	9775	需新建 10G 电路
53	南充-黄岩	川北、川东南	12500	6920	5580	55.36	4609	需新建 10G 电路
54	黄岩-达州	川北、川东南	12500	6610	5890	52.88	5105	需新建 10G 电路
55	达州-巴中	川北、川东南	12500	5060	7440	40.48	5201	
56	巴中-昭化	川北、川东南	12500	7075	5425	56.60	4709	需新建 10G 电路
57	蜀州-康定	川西南	5000	3450	1550	69.00	3474	需新建 10G 电路
58	康定-甘谷地	川西南	5000	3450	1550	69.00	3064	需新建 10G 电路
59	蜀州-甘谷地	川西南	5000	3450	1550	69.00	3164	需新建 10G 电路
60	新都桥-甘谷地	川西南	5000	3140	1860	62.80	3064	需新建 10G 电路
61	石棉-九龙	川西南	5000	2520	2480	50.40	1550	需新建 10G 电路

各地市公司新增的业务带宽统计表见表 4-5。

表 4-5　　　　　　　　　　　各地市公司新增的业务带宽统计表

序号	起点	新增的业务带宽需求/M								合计/M
		一平面	二平面	接入网	500kV 数据通信网	省网数据通信网	调度子站	无线专网	管理信息业务	
1	成都公司	1240	2×155	2480		1244		700	1000	6664
2	德阳公司	1240	96	2480		1244		600	1000	6660
3	绵阳公司	1240	48	2480	310	1244		600	1000	6922
4	广元公司	1240	96	1240	310	1244		500	1000	5630
5	达州公司	1240	96	1860		1244		500	1000	5940
6	巴中公司	1240	96	1240		1244		500	1000	5320
7	广安公司	1240	96	1240		1244		500	1000	5320
8	泸州公司	1240	96	1240		1244		500	1000	5320
9	宜宾公司	1240	96	1240		1244		600	1000	5420
10	自贡公司	1240	96	6820	310	1244		500	1000	11210
11	遂宁公司	1240	96	1240		1244		500	1000	5320
12	内江公司	1240	96	1240		1244		500	1000	5320
13	资阳公司	1240	96	1860		1244		500	1000	5940
14	攀枝花	1240	96	1240		1244		500	1000	5320
15	凉山公司	1240	240	3720	310	2488		500	1000	9498
16	雅安公司	1240	96	3720	310	1244	120	500	1000	8230
17	乐山公司	1860	144	3720		1244		500	1000	8468
18	眉山公司	1240	96	1240		1244		500	1000	5320
19	甘孜公司	1240	2×155	1240		2488		500	1000	6468
20	阿坝公司	1240	2×155	1240		2480		500	1000	6460
21	南充公司	1240	2×155	6820	620	1244	180	500	1000	11604
22	天府新区	1240	155	1240		1244		500	1000	5379

6. 现有带宽现状分析

根据带宽统计，SW-A 平面骨干网大约有 40 段电路的剩余带宽不足，不能满足新增业务的需求。其中，川西南 10G 环网+2.5G 环网双环网上平均带宽占有率为 65%，如东坡-南天站段（10G 环+2.5G 环）带宽占有率为 88.63%，剩余带宽为 1705M，新增业务带宽为 6844M；石棉-雅安站段 10G 环带宽占有率为 71.48%，剩余带宽为 3565M，新增业务带宽为 6989M；现有双环网剩余带宽资源已不能满足新增业务的需求。环网上将新增的业务约为 9176M，需将 2.5G 骨干环网电路升级到 10G 电路，以满足各个业务系统对通道的需求。此外，各地市公司新增业务均超过 2500M，如自贡公司新增业务为 11210M，眉山公司为 5320M，地市公司接入骨干网的接入电路速率应按照 10G 电路建设。

4.2.8　网络规划建设方案

本网络改造建设工作的主要目的是解决网络结构不合理、带宽资源紧张、设备可靠性下降等问题，全面提升网络的传输能力，优化网络结构，增强网络可靠性，形成两张覆盖全川主要直调厂站、省地市公司的 10G 骨干传输网，满足电网安全运行要求，满足调度数据网、数据通信网以及变电站智能运检等业务的增量带宽需求。

SW－A－1 网骨干网优化改造侧重于优化网络结构和提高设备可靠性，通过优化网络拓扑结构，扩大覆盖面，升级带宽瓶颈电路，优化、整合、更新骨干网已停产、运行期满的站点设备等手段达到优化网络结构、增强网络可靠性，提高传输网容量的目的。

SW－A－2 网骨干网优化改造重点是解决骨干网、接入网多个不同厂商品牌设备组网引起的业务调整困难、转接多、带宽利用率低、交叉时隙占用多、备品备件不足、设备老旧停产、设备性能较差、运行维护管理困难的问题。通过地市公司接入电路，对新建的 SW－A－2 网骨干网扩容、扩大其覆盖面等措施解决地市公司接入带宽容量低、接入网设备老旧停产、设备性能下降、与已有骨干网设备不一致、不利于组网、运行维护管理困难等问题，达到提高骨干网容量、提高网络和设备可靠性的优化改造目的。

4.2.8.1 SW－A－1 网骨干网优化扩容建设方案

目前，SW－A－1 骨干网由 3 个 10G 环网和多条 2.5G 链路组成，环网上有 39 个站点和 42 套设备。骨干网优化扩容改造将在现有网络基础上，通过采取升级带宽瓶颈段电路、新建 10G 电路、缩小环网孔径、减少环网站点数量和设备数量、新增设备、设备整合调整等措施，达到优化网络的目的。

优化后的 SW－A－1 骨干网将形成多个 10G 环网，一方面多个环网可以解决环上保护带宽占用多和带宽瓶颈问题，有效提升整个骨干网带宽。另一方面，利用环网的保护策略还可提高网络的可靠性。骨干网优化后，将大大提升骨干网的传输能力和可靠性，解决目前环网电路带宽不足和环网过大、设备陈旧带来的安全隐患问题。

SW－A－1 骨干网优化改造按扩容方式建设，采用中兴公司设备组网，将从网络结构、站点设备整合、10G 环网站点设备优化以及地市公司设备优化几个方面进行优化改造，具体方案如下所述。

1. 网络结构优化方案

网络结构优化主要从扩大覆盖面、取消换上站点、随电网送出配套工程新增站点 3 个方面进行优化

（1）扩大覆盖面：在张公 220kV 变、杨胡 220kV 变、川东南地区 10 个地市公司 12 个站点各配置 1 套 SW－A－1 网建设各地市公司两点接入 SW－A－1 骨干网的 10G 光路，提高地市公司接入电路容量到 10G，解决站点单设备问题，共计 12 套骨干网 10G 传输设备。

（2）取消环上站点：取消川西南环上大堡中继站，建设南天-普提的直达电路。

（3）随电网送出配套工程新增站点：在绵阳南、泸州东、成都西、新津、马尔康、籍田、布拖、广元Ⅱ、金河变各配置 1 套 SW－A－1 骨干网 10G 传输设备。

SW－A－1 平面 10G 骨干网网络拓扑结构如图 4－11 所示。

2. 带宽资源提升优化方案

近年重要生产业务对带宽的需求呈几何倍数增长，川西南、川东南光环网带宽冗余度呈几何倍数递减（例如：调度数据网一平面原来带宽仅为 $5 \times 2M$，如今增值为 $2 \times 155M$）。面对各业务部门对调度数据网、数据通信网等生产性数据业务带宽提升的需求，部分站段电路带宽资源严重不足，若遇主环网光路中断，业务调整将非常困难，极大地威

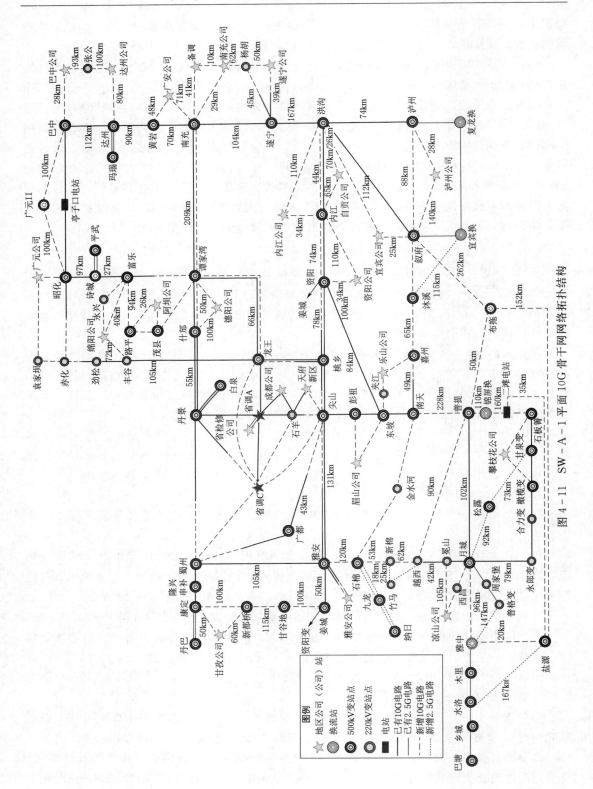

图 4 - 11　SW - A - 1 平面 10G 骨干网网络拓扑结构

胁了生产业务的安全稳定运行。因此，考虑利用已有和在建的光缆资源，新建 10G 光路，升级 2.5G 瓶颈电路，提高环网及地市公司带宽，具体方案如下：

（1）新建 10G 电路。省公司 C 幢至蜀州、丹景、龙王、石羊，10 个地市公司至 SW－A－1 网 10G 环网 10G 接入电路，姜城-甘谷地等。

（2）扩容升级 2.5G 瓶颈电路。升级 10G 电路：谭家湾-龙王、洪沟-泸州-叙府、普提-锦屏换-二滩、雅安-尖山、蜀州-康定-新都桥-甘谷地-姜城-雅安变、百灵-二滩、桃乡-资阳-内江-洪沟、谭家湾-龙王、12 个地市公司至 SW－A－1 网 10G 环网接入电路等。

3. 设备优化方案

充分利用已有的设备资源，对于川西南、川北环网有多套设备的环上站点，如果接入汇聚设备为 S385 型设备，交叉矩阵支持 10G，S385 有多余槽位，可在 S385 设备上配置多光口光板，将原环上停产设备（S390）所承载的光路改接到 S385 设备上，提升环网电路可靠性，退运设备板卡可作为全网备品备件；S385 无剩余槽位的，或站内有 S390 设备的，考虑新增 1 套 S385 替换 1 套已有的 S390 设备，在满足保护业务三双要求的情况下，提升 SW－A－1 网的可靠性。

全网利用已有设备进行优化改造的站点有：省调、阿坝公司、省调、盐源、水洛、月城、甘谷地、新都桥、甘孜公司、康定、谭家湾、南充、什邡、德阳公司、富乐等 56 个站点。

全网新增 1 套 10G 光传输设备替换原有停产设备的站点有：备调、蜀州、尖山、新棉、九龙、永兴、茂县、绵阳公司 8 个站点。

川西南、川北地区地市公司新增设备替换运行 10 年及以上、已停产设备优化方案。

目前，有 12 个地市公司已配置 1 套 SW－A－1 网设备，设备运行 10 年及以上、设备已停产、设备无空余槽位的站点有：绵阳公司、眉山公司 2 个站点，在这 2 个站点各新增 1 套 S385 设备，替换现有设备，可解决设备安全隐患问题；乐山公司 S385 设备升级交叉矩阵。

全网 10G 环上站点均运行 10 年及以上、设备已停产、设备无空余槽位的站点有：雅安变等 8 个站点，在这 8 个站点各新增 1 套 S385 设备，拆除 7 套设备。眉山公司现有设备为 S330，无法满足带宽的升级要求，需新增 1 套 S385 设备，同时拆除现有的 S330 设备，共计需拆除 8 套设备。新增拆除的设备、板卡数量及型号详见表 4－6。

4. 设备及板卡配置方案

（1）设备配置。全网新增 18 套设备，利旧 4 套设备，在丹景、蜀州等站点已有设备上新增光口板及光路子系统。

为了尽量减少设备搬迁距离、降低因设备搬迁可能引起的设备损坏，考虑在谭家湾、眉山公司、绵阳公司、尖山、新棉、色尔古 6 个站点设备，分别利旧成都西、籍田、绵阳南、新津、雅中换、马尔康 S385 设备。

（2）控制板、2M 板、交叉板等重要板卡配置。本期新增设备控制板、2M 板、交叉板都按 1＋1 冗余配置，交叉矩阵都按所有槽位支持 10G 速率选择。

在泸州、富乐、昭化等站点已有 S385 设备交叉矩阵容量不足的站点，更换交叉矩阵；在蜀州、富乐、昭化等站点已有 S385 设备控制板、2M 板等单板配置的站点，增加配置控

表 4—6　新增拆除的设备、板卡数量及型号统计表

序号	名称		设备型号	投运年份	S390/S380 拆除板卡数量						S380 拆除板卡数量					S330 拆除板卡数量		拆除设备数量
					10G 光口	2.5G 光口	622M 光口	155M 光口	SEE	2M	2.5G 光口	622M 光板	155M 光口	SEE	2M	2.5G 光口	622M 光板	
1	尖山	SDH2	S380	2010							4	2	1	1	1			1
2	绵阳公司	SDH1	S390	2007		2	1	2	1	2								1
3	茂县	SDH1	S390	2008		5	2	2	1	2								1
4	永兴	SDH1	S380	2010	2						9	1	1		2			1
5	新棉（备调）	SDH1	S390	2006	2	2	5	2		1								1
6	九龙	SDH1	S390	2007		3	2	1										1
7	眉山公司	SDH1	S330	2009			1		3	2						3		1
8	备调	SDH1	S390	2011		4	1	1	1	3						3	3	1
9	共计				4	21	14	6	8	11	13	3	1	1	3	3	3	10

制板、2M 板。已有站点设备重要板卡优化方案见表 4-7。

表 4-7 已有站点设备重要板卡优化方案

站 点	更换交叉矩阵数量	增加控制板数量	增加 2M 板卡数量	站 点	更换交叉矩阵数量	增加控制板数量	增加 2M 板卡数量
蜀州		1		龙王			2
泸州	2			石羊			1
富乐	2	1	1	夹江（备调）			1
昭化	2	1	1	嘉州			1
资阳	2	1	1	南天			1
月城	2	1	1	普提			
乐山公司	2	1		石板菁			1
赤化	2		1	橄榄变			1
宜宾换	2		1	百灵			2
丰谷			1	冕山			1
巴中			1	甘谷地			2
达州			1	康定			1
洪沟			1	总计	16	6	24

设备配置方案见表 4-8。SW-A-1 网 10G 骨干网网络拓扑图（设备配置后）如图 4-12 所示。

表 4-8 设 备 配 置 方 案

序 号	站 点	设备型号	数量	备 注	优化方案
1	尖山、洪沟、茂县、谭家湾、九龙、永兴、新棉、备调、绵阳公司、眉山公司、青龙山、色尔古等	S385	12	现有设备运行 10 年以上、停产、槽位不足，不支持 10G	新增 6 套设备、利旧 6 套设备
2	张公变、杨胡变、巴中、达州、广安、南充、遂宁、内江、自贡、资阳、宜宾、泸州 10 个地市公司	S385	12	未配置 SW-A-1 网 10G 骨干网设备	新增 12 套设备
3	在龙王、内江、资阳、南充、昭化、橄榄、新都桥等站点配置 10G 板卡	S385		新建光路	配置 10G 光板：188
4	在蜀州、泸州、富乐、昭化等 24 个站点			对重要板卡进行冗余配置，替换交叉矩阵	替换交叉矩阵 16 块、新增 NCP 板 6 块、新增 2M 板 24 块
5	新增光路子系统设备			新建光路	BA：100 PA：53 FEC：10 拉曼：4 DCM：67

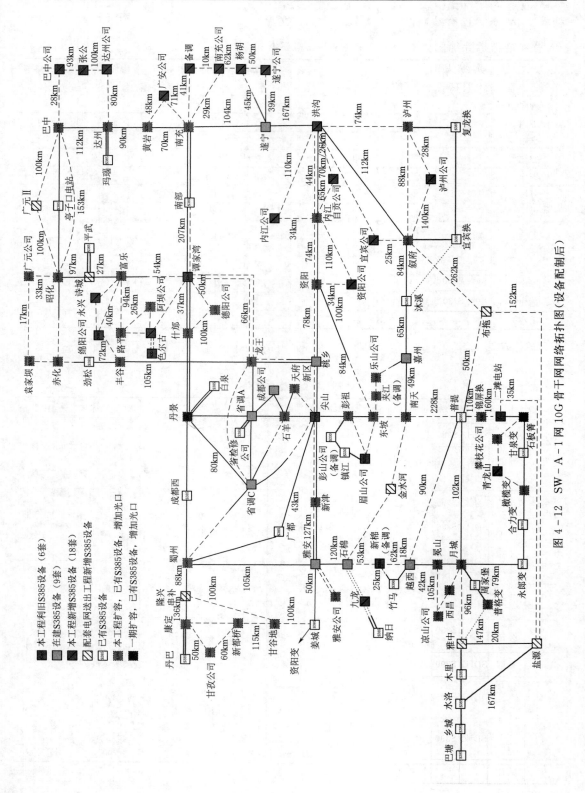

图 4-12　SW-A-1 网 10G 骨干网网络拓扑图（设备配制后）

5. 设备拆除方案

本期拟拆除绵阳公司、茂县、新棉（备调）、九龙、备调、青龙山、色尔古 7 个站点 S390 设备，拆除尖山、永兴 2 个站点 S380 设备、拆除眉山公司 S330 设备，共计拆除 10 套设备。具体退运设备及板卡表见表 4-9。SW-A-1 骨干环网拆除设备、板卡统计表见表 4-10。

表 4-9　　　　　　　　　　　　　　退 运 设 备 及 板 卡 表

设备类型	配 置 情 况	共计设备套数
退运设备	中兴 S390 设备：绵阳公司、茂县、新棉（备调）、九龙、备调、青龙山、色尔古； 中兴 S380 设备：尖山、永兴； 中兴 S330 设备：眉山公司	10 套
退运板卡	中兴 S390 设备：10G 板卡 4 块，2.5G 板卡 16 块，622M 板卡 11 块，155M 板卡 6 块，板卡作为备品备件	
退运板卡	中兴 S380 设备：2.5G 板卡 13 块，622M 板卡 3 块，155M 板卡 1 块，板卡作为备品备件	
退运板卡	中兴 S330 设备：2.5G 板卡 3 块，板卡作为备品备件	

表 4-10　　　　　　　　SW-A-1 骨干环网拆除设备、板卡统计表

序号	名称	设备型号		投运年份	S390/S380 拆除板卡						S380 拆除板卡					S330 拆除板卡		拆除设备
					10G光口	2.5G光口	622M光口	155M光口	SEE	2M	2.5G光口	622M光板	155M光口	SEE	2M	2.5G光口	622M光板	
1	尖山	SDH2	S380	2010							4	2	1	1	1			1
2	绵阳公司	SDH1	S390	2007		2	1	2	1	2								1
3	茂县	SDH1	S390	2008	2	5	2		1	2								1
4	永兴	SDH1	S380	2010							9	1			2			1
5	新棉（备调）	SDH1	S390	2006	2	2	5	2		1								1
6	九龙	SDH1	S390	2007		3	2	1	1	1								1
7	眉山公司	SDH1	S330	2009												3		1
8	备调	SDH1	S390	2011		4	1		3	2								1
9	青龙山	SDH1	S390			3	2	2	1	1								1
10	色尔古	SDH1	S390			5	2		1	1								1
11	共计				4	29	18	8	10	13	13	3	1	1	3	3		10

4.2.8.2　SW-A-2 优化扩容建设方案

SW-A-2 网优化改造采用扩容的方式进行建设,主要从网络结构优化和设备优化两个方面考虑,具体如下:

网络结构优化:目前,在建的 SW-A-2 网骨干网尚未覆盖至川东南、川北、川西南、攀西片区的 19 个地市公司及部分 500kV 站点。网络优化将在现有网络拓扑结构的基础上,扩大覆盖面,新建覆盖到 19 个地市公司的 10G 电路,形成覆盖到全网主要厂站及所有 22 个地市公司的 10G 骨干传输网,全面提高 SW-A-2 网骨干网的传输容量和可靠性。

设备优化:SW-A-2 网现有 3 个厂家的设备,设备种类多,停产设备率较高,网络运行维护管理复杂,需统一为一个厂商的设备。

SW-A-2 网设备优化改造采用对在建的 SW-A-2 网华为骨干环网扩容的方式进行建设。在运华为、依赛设备达生命周期后,通过逐步替换的方式,最终形成一个厂商品牌的全覆盖。从而全面提高 SW-A-2 网设备可靠性,提高业务的组织调度效率和灵活性,减轻网络的运行维护管理压力和工作量,提高网络的运行维护管理水平。

SW-A-2 网骨干网在 54 个站点各新增 1 套 SW-A-2 网 10G 骨干网设备。在华为、依赛接入网设备投运达 10 年、设备停产的 55 个站点各新增 1 套 SW-A-2 网 2.5G 设备。

1. 网络结构优化方案

(1) 扩大覆盖面。如前所述,SW-A-2 网骨干网尚未覆盖到广元、绵阳、德阳等 10 个地市公司以及巴中、乡城、木里等 500kV 及以上变电站,这些站点至省调、备调的重要生产型业务均承载在 SW-A-1 网骨干网中兴设备上,在一定程度上存在单网络风险。

为解决以上问题,拟在上述未覆盖站点新增 1 套 SW-A-2 网骨干网设备,建设相应的 10G 光路,实现 SW-A-2 网骨干网的全覆盖,提高骨干网运行的可靠性、稳定性。

在广元公司、绵阳公司等 12 个地市公司新增 SW-A-2 网骨干网设备,建设各地市公司两点接入 SW-A-2 网骨干网的 10G 光路,提高地市公司的接入电路容量,解决站点单设备问题。

网络优化改造新增站点:SW-A-2 网骨干网覆盖到尚未覆盖的广元、绵阳、德阳、成都、天府、雅安、攀枝花、凉山、乐山、眉山地区及地市公司,新增赤化、丰谷变、玛瑙以及广元、绵阳等 10 个地市公司,共计 13 个站点,各配置 1 套 SW-A-2 网骨干网 10G 传输设备,共计 13 套。

地市公司两点接入新增 10G 站点:为了确保地市公司两点接入 10G 骨干环网,需将原接入网中的部分站点升级为 10G 站点,各配置 1 套 SW-A-2 网骨干网 10G 传输设备,共计 10 套。

随电网送出配套工程新增站点:新增布拖、泸州东 2 个站点,各配置 1 套 SW-A-2 网骨干网 10G 传输设备。

取消环上站点:环网取消大堡中继站、新棉 220kV 变、冕山 220kV 变、仁和中继站。

优化后的骨干网拓扑结构如图 4-13 所示。

(2) 带宽资源提升优化方案。川北、川西南、川东南、攀西 19 个地市公司接入电路带宽从 2.5G 升为 10G。

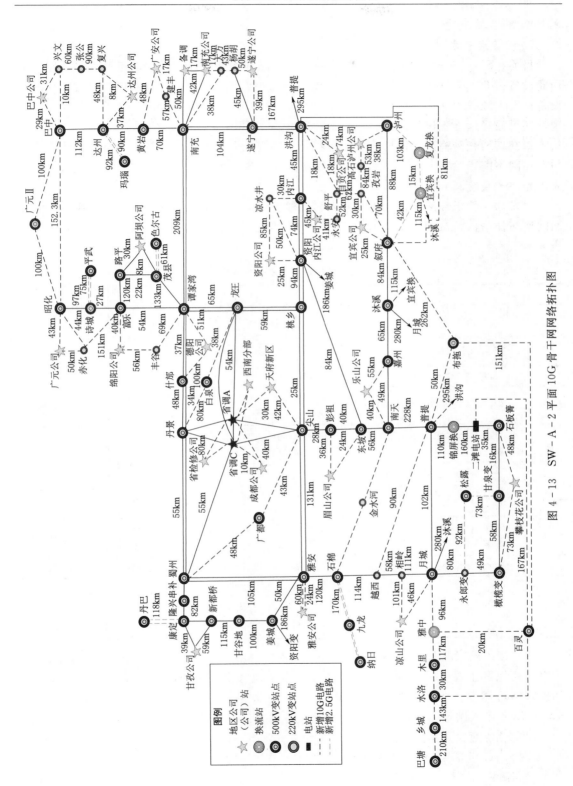

图 4-13 SW-A-2平面10G骨干网网络拓扑图

巴塘-乡城-水洛-木里-雅中换-百灵及水洛-百灵接入电路带宽从2.5G升为10G。

2. 设备优化方案

目前，SW-A-2骨干网由3个厂商的不同品牌设备组建，环上设备种类多，非主流厂商设备占60%，不利于业务的组织、调度和监控，不利于网络的运行维护管理，应减少设备种类，统一为一个主流厂商的设备。统一设备型号，便于网络的调度、运行维护管理，还可减轻运维工作量，减少备品备件种类。

本期新增光传输设备按扩容在建核心骨干环网华为品牌考虑，新增光路子系统设备按与在建网络配置原则一致：在不需要拉曼电路配置华为光路子系统，在需要拉曼段落配置光迅光路子系统。

（1）10G骨干环网设备优化改造方案。根据图4-14优化后的SW-A-2网10G骨干网网络拓扑结构，对10G骨干环网上的各个站点设备进行新增、更换或扩容。优化方案见表4-11。

表4-11　　　　　　　　　　　10G骨干环网设备优化方案

序号	优　化　方　案	站　点	设备配置
1	扩大覆盖面新增站点	德阳换、成都西、新津、绵阳南、籍田、马尔康、赤化、丰谷变、玛瑙以及川北、川西南地区10个地市公司	新增19套设备
2	川西南2.5G环网升级	广都	新增1套设备
3	攀西、凉山等地区2.5G链路升级	木里、乡城、水洛、巴塘、松露、雅中换、百灵	新增7套设备
4	川东南地区9个地市公司设备更新	资阳、内江、自贡、泸州、宜宾、遂宁、广安、达州、巴中公司	新增9套设备
5	地市公司两点接入新增10G站点	张公变、复兴变、兴文变、建丰、大方、永安、舒平、高石、孜岩变、凉水井变10个站点	新增10套设备
6	SW-A-2网其他500kV、换流站站点设备更新	九龙、白泉、纳日、丹巴、色尔古、宜宾换、复龙换、平武	新增8套设备
7	随电网送出配套工程新增站点	新增布拖、广元Ⅱ、金水河变、泸州东	新增4套设备
8	合计	1. 新增60套SW-A-2网10G设备（本工程54套，送出工程4套） 2. 新增55套SW-A-2网2.5G设备	

（2）接入网设备优化方案。目前，SW-A-2接入网主要采用2家公司的传输设备，其中川西地区主要采用华为公司的设备，川东南地区主要采用依赛公司的设备。为了提升接入网可靠性，方便后期运行维护，减少业务割接量，保障工程顺利实施，结合SW-A-2接入网设备现状，应尽量避免设备混合组网情况。

（3）设备配置方案。本次改造建设工作共计配置SW-A-2网10G设备54套，SW-A-1网2.5G设备55套。具体设备优化方案见表4-12。

表 4 – 12   接入网设备优化方案

序号	优 化 方 案	站 点	设备配置
1	扩大覆盖面新增站点	德阳换、成都西、新津、绵阳南、籍田、马尔康、赤化、丰谷变、玛瑙以及广元、绵阳、德阳等10个地市公司	新增19套设备
2	川西南2.5G环网升级	广都	新增1套设备
3	攀西、凉山等地区2.5G链路升级	木里、乡城、水洛、巴塘、松露、雅中换、百灵	新增7套设备
4	川东南地区9个地市公司设备更新	资阳、内江、自贡、泸州、宜宾、遂宁、广安、达州、巴中公司	新增9套设备
5	地市公司两点接入新增10G站点	张公变、复兴变、兴文变、建丰、大方、永安、舒平、高石、孜岩变、凉水井变10个站点	新增10套设备
6	SW – A – 2网其他500kV、换流站站点设备更新	九龙、白泉、纳日、丹巴、色尔古、宜宾换、复龙换、平武	新增8套设备
7	随电网送出配套工程新增站点	新增布拖、广元Ⅱ、金水河变、泸州东	新增4套设备
8	接入网优化改造（设备已运行10年及以上、设备已停产）	川东南地区28个220kV站点、川西地区26个220kV站点和1个独立通信机房	新增55套设备
9	SW – A – 2网新增光路子系统设备		后置放大器：83 前置放大器：29 前向纠错单元：15 拉曼放大器：2 色散补偿模块：61
10	合计	1. 新增60套SW – A – 2网10G设备（本次优化改造工作54套，送出工程4套，水电站2套） 2. 新增55套SW – A – 2网2.5G设备	

SW – A – 2网10G骨干网网络拓扑图如图4 – 14所示，SW – A – 2平面接入网设备配置图如图4 – 15所示。

4.2.8.3　路由方案

本次优化改造工作利用现有及在建、待建的省公司、地市公司（公司）光缆进行组网建设，光缆型式主要采用线路OPGW光缆与城区管道、隧道光缆，具体路由在施工图期间根据实际情况可进行适当调整。

对于纤芯资源不足的部分站段：一是利用OTN电路提供其中一个10G电路；二是拆除相同站段上的622M/2.5G电路，拆除的622M/2.5G电路上的业务由新增的10G电路承载。对于设备停产新增设备站段，可使用原10G光路所使用的纤芯，拆除电路的板卡作为省级传输网的备品备件。

4.2.8.4　纤芯资源不足解决方案

纤芯不足是网络规划建设工程中经常会碰到的问题，由于重新建设光缆不仅投资较大，

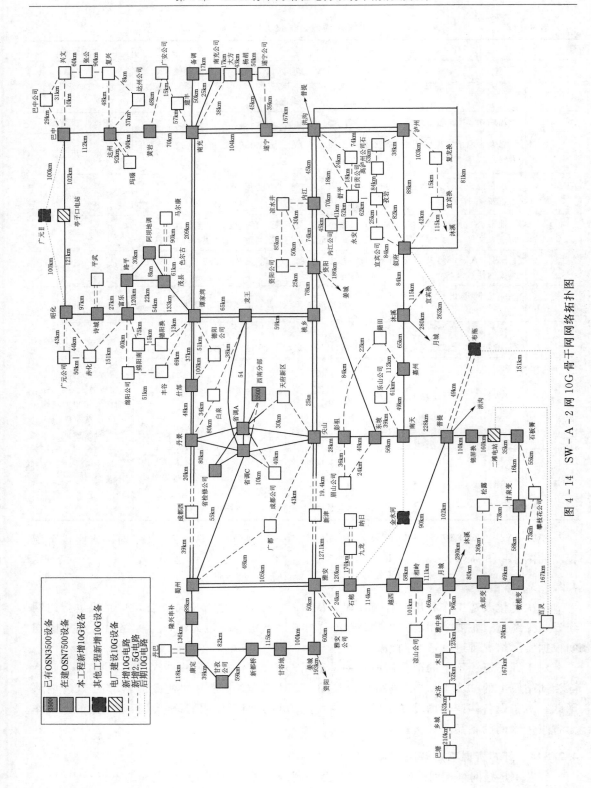

图 4 - 14 SW - A - 2 网 10G 骨干网网络拓扑图

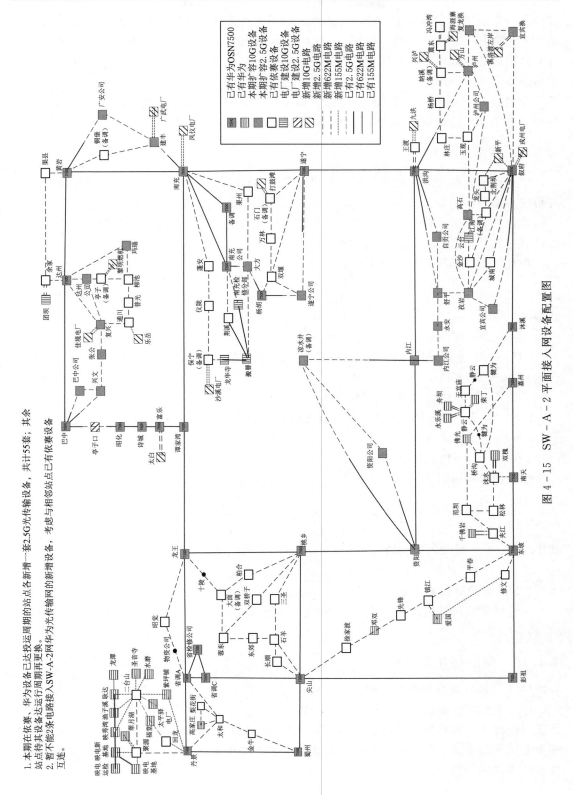

图 4-15 SW-A-2 平面接入网设备配置图

1. 本期在依赛、华为设备已达投运周期的站点各新增一套2.5G光传输设备，共计55套；其余站点在其设备达运行周期时更换。

2. 暂不能2条电路接入SW-A-2网华为光传输网的新增网的新增设备，考虑与相邻站点已有依赛设备互连。

还涉及一次线路长时间停电，影响范围较广，因此对于纤芯资源不足的站段，可利用现有的 OTN 网络搭建 10G 电路。利用 OTN 网络承载 SDH 部分 10G 电路，一方面可以解决部分站段纤芯资源不足的问题，另一方面还可解决部分 OTN 电路由于纤芯衰耗过大造成的电路质量下降的问题。

此外，对于部分站段间无剩余纤芯，也无法通过 OTN 设备搭接电路的，需要腾退已有业务占用的纤芯或对路由进行调整，才能满足电路建设需求。

4.2.9　传输系统设计

中继段长度的主要限制因素有：①发送光功率；②接收灵敏度；③系统富余度；④光纤传输衰减特性；⑤光纤传输带宽。因此中继段长度也可由这些因素来调整和确定。

本设计采用最坏值设计法计算，即利用损耗限制中继段长度计算及色散限制中继段长度计算分别计算后，取其两者较小值。

损耗限制中继段长度计算公式为

$$L = (P_s - P_r - P_p - M_c - \sum A_c)/(A_f + A_s)$$

式中　L——衰减受限中继段长度，km；

P_s——S 点寿命终了的发送光功率，dBm；

P_r——S 点寿命终了的光接收灵敏度，dBm；

P_p——光通道功率代价，dB；

M_c——光缆线路光功率余量，dB；

$\sum A_c$——S、R 点间其他连接器衰减之和，dB；

A_s——光缆固定接头平均接续损耗，dB/km；

A_f——光缆每公里衰减常数，dB/km。

色散限制中继段长度计算公式为

$$L = \frac{D_{max}}{D}$$

式中　L——色散限制中继段长度，km；

D_{max}——S、R 间通道允许的最大总色散值，ps/nm；

D——光纤色散系数，ps/(nm·km)。

本设计系统传输速率按 10Gbit/s、2.5Gbit/s 考虑，光纤按 G.652 考虑，计算数据见表 4-13、表 4-14。

4.2.10　网络保护策略设计

4.2.10.1　SDH 网络的保护策略

电力系统所传输的业务要求传输质量高、可靠性高、时延小，特别是对于一些实时业务还应能提供保护功能。目前基于多业务传送平台 SDH/MSTP 设备，可为电网所需的各种业务提供高质量、高可靠性的传输通道，并提供网络保护策略。MSTP 还可根据不同的业务需求提供不同的保护机制。

表 4－13 10Gbit/s 系统光中继计算表

项目	不加放大器	不加放大器	BA	BA+PA	BA+PA+FEC	BA+PA+FEC+后向拉曼	BA+PA+FEC+双向拉曼
应用代码	S－64.2	L－64.2	V－64.2	U－64.2			
传输速率/(bit/s)	9953280	9953280	9953280	9953280	9953280	9953280	9953280
工作波长范围/nm	1530~1565	1530~1565	1530~1565	1530~1565	1530~1565	1530~1565	1530~1565
P_s/dBm	－5	－2	＋12	＋12	12	12	12＋3
$P_r(BER\leqslant10^{-12})$/dBm	－18	－26	－23	－30	－38	－45	－45
功率受限系统允许传输损耗/dB	13	24	35	42	50	57	60
P_p/dB	1	2	2	2	2	2	2
M_c/dB	3	3	5	5	5	5	5
ΣA_c/dB	1	1	1	1	1	1	1
A_f/(dB/km)	0.22	0.22	0.22	0.22	0.22	0.22	0.22
A_s/(dB/km)	0.01	0.01	0.01	0.01	0.01	0.01	0.01
L/km	35	78	117	148	187	213	226
D_{max}/(ps/nm)	800	1600	2400	2400	2400	2400	2400
D/[ps/(nm·km)]	18	18	18	18	18	18	18
L/km	44	88	133	133	133	133	133

表 4 - 14　　2.5Gbit/s 系统光中继计算表

项目	不加放大器	不加放大器	功率放大器	前后置放大器	BA(SBS)+PA+FEC	BA(SBS)+PA+FEC+后向拉曼	BA(SBS)+PA+FEC+双向拉曼
应用代码	S-64.2	L-64.2	V-64.2	U-64.2			
传输速率/(bit/s)	9953280	9953280	9953280	9953280	9953280	9953280	9953280
工作波长范围/nm	1530~1565	1530~1565	1530~1565	1530~1565	1530~1565	1530~1565	1530~1565
P_s/dBm	-5	-2	17	17	21	21	24
P_r($BER \leqslant 10^{-12}$)/dBm	-18	-28	-28	-32	-40	-46	-46
功率受限系统允许传输损耗/dB	13	26	45	49	61	67	70
P_p/dB	1	2	2	2	1	2	2
M_c/dB	3	3	5	5	5	5	5
A_c/dB	1	1	1	1	1	1	1
A_i/(dB/km)	0.22	0.22	0.22	0.22	0.22	0.22	0.22
A_s/(dB/km)	0.01	0.01	0.01	0.01	0.01	0.01	0.01
L/km	35	87	161	178	235	257	270
D_{max}/(ps/nm)	800	1600	2400	2400	2400	2400	2400
D/[ps/(nm·km)]	18	18	18	18	18	18	18
L/km	44	88	133	133	133	133	133

1. SDH 网络的保护和恢复策略

为了提高业务传送的可靠性，SDH 传送网提供了一整套保护策略。随着传输网网络和容量的迅速扩大，其对网络资源的充分利用和对传输网络的保护和安全提出了更高的要求。为提高 SCH 电力公司 SW－A 平面光纤电路的生存能力和灵活性，应采用相应的保护策略。

2. 保护方式的种类

SDH 保护分为子网连接保护（SNCP）和路径保护，路径保护包括线路系统的复用段保护、环网的复用段保护、环网的通道保护。

目前生产厂商采用的主要保护方法是线性复用段保护 1＋1、复用段共享保护环、通道保护环、子网连接保护方法。

（1）线性复用段保护。线性复用段保护是一种专用或共用的保护机制。它对复用段层提供保护，适用于点到点的物理网络。一个复用段保护用于保护一定数量（n）的工作复用段，但不能对节点故障提供保护，它可工作于单端或双端方式。此外，复用段保护在备用状态时还可用来开通无需保护的额外业务。

（2）复用段共享保护环。复用段共享保护环的工作通道传送业务，其保护通道留作业务信号的保护之用，复用段共享保护环需要使用 APS 协议，其保护倒换时间为 50ms，分为二纤双向复用段共享保护环和四纤双向复用段共享保护环两种保护方式。

复用段共享保护环的主要优点是：一方面，在业务量呈均匀分布的情况下有些容量可重复利用，这时，同样的保护容量可适用于不同的故障情况，故复用段共享保护环保护方式能提供高容量使用效率。另一方面，复用段共享保护环只能用于环形网络拓扑结构，而且节点数最多不能超过 16 个，同时网络中环的容量用满时，就要增加一个新环。

（3）通道保护环。通道保护环的业务保护是以通道为基础的，是否进行保护倒换要根据出、入环的个别通道信号质量的优劣来决定。通道保护环一般采用 1＋1 保护方式，即工作通道与保护通道在发送端永久性地桥接在一起，接收端则从中选取质量好的信号作为工作信号。在进行通道保护倒换时只需在接收端把开关从工作通道倒换到保护通道上，因此不需要使用 APS 倒换协议，其保护倒换时间小于 50ms。常用的通道保护环有二纤单向通道保护环和二纤双向通道保护环两种。

（4）子网连接保护。子网连接保护是指对某一子网连接预先安排专用的保护路由，这样一旦子网发生故障，专用保护路由便取代子网，担当起在整个网络中的传送任务。

子网连接保护在网络中的配置保护连接方面具有很大的灵活性，特别适用于不断变化、对未来传输需求不能预测的、根据需要就可以灵活增加连接的网络，故而它能够应用于干线网、中继网、接入网等网络，以及树形、环形、网状的各种网络拓扑，其保护结构为 1＋1 方式，即每一个工作连接都有一个相应的备用连接，保护可任意置于 VC12、VC2、VC3、VC4 各通道，也能决定哪些连接需要保护，哪些连接不需要保护。

4.2.10.2 保护方案设计

如上所述，子网连接保护具有很大的灵活性，适用于不同的网络结构和不断变化的传输需求，保护可任意置于 VC12、VC2、VC3、VC4 各通道，能决定哪些连接需要保护，哪些连接不需要保护。

通道保护自愈环比较简单经济，适用于业务容量较小，且主用业务汇集在 1 个节点的情况。

双向复用段保护自愈环适用于各节点间具有较大业务量，且节点需要较大的业务量分插能力情况，但环上节点数应不大于 16。

在省级 SW-A 平面上的业务分为实时业务和非实时业务。由于电力行业自身的行业特点，业务的分布既不是集中型又非相邻型，是集中型和相邻型的混合方式，且以集中型为主。集中型业务主要包括远动实时信息、调度电话、会议电视及数据网信息，相邻型业务主要是线路主保护信息。结合到 SW-A 平面上的 10G 环网中，信息多为汇聚到几个核心汇聚节的集中型业务。对于本环网结构，其保护方式的选择考虑如下：第一、采用双重化的二纤通道保护环或四纤复用段保护环，但无论哪种保护方式，其环网保护方式均显得有些复杂，而且对于跨环的保护业务，带宽的利用率不大；第二、采用子网连接保护，子网连接保护可以为某一子网连接预先安排专用的保护路由，这样一旦子网发生故障，所需保护的信息就可通过预先设置的专用保护路由来传送。子网连接保护在网络中的配置保护连接方式具有很大的灵活性，特别适用于不断变化、对未来传输需求不能预测的、根据需要就可以灵活增加连接的网络。保护可任意置于 VC12、VC2、VC3、VC4 各通道。同样，也能决定哪些连接需要保护，哪些连接不需要保护。

综上所述，SW-A 平面 10G 骨干环网依然采用现有的保护方式，即采用灵活方便的子网连接通道保护。

4.2.11　过渡方案

本次优化改造工作为 SW-A-1、SW-A-2 两个骨干传输网的优化改造，涉及的站点多，施工、安装、调试工作量大，业务调整割接量非常大，在施工过程中必须事先做好业务割接方案，确保现有业务不中断。由于是对骨干网进行改造，需要割接的业务量大，必须事先规划好现网需要割接的业务通道组织，采用先建后拆、局部分片区的方式进行业务的割接。

利用空余纤芯先搭建 SW-A-2 骨干电路，对于没有纤芯资源的电路可利用 OTN 电路临时搭建 10G 电路，按照市区环网、西南、东南、川北、川南、川东北分片区搭建 SW-A-2 骨干 10G 电路，分片区进行业务的割接。业务割接完成后，再进行骨干电路的升级改造、设备替换等工作，在所有优化改造完成后，再拆除需要拆除的设备，逐步退出运行多年的设备。

SW-A-1 骨干网采用中兴公司的传输设备，优化方案为扩大覆盖面和更换现有已停产、运行 10 年、不支持扩容升级的站点设备，将被更换的设备上承载的电路调整到新增设备上。更换设备时，应遵循先建后拆的原则，具体实施步骤为：

（1）对于本期优化的骨干电路及站点设备，利用现有的传输电路剩余带宽资源或新建的 SW-A-2 骨干电路，将需要割接的重要业务先割接到上述电路上。

（2）安装新增设备，搭建新增光路。

（3）将原设备上承载的光路改接到新增设备上。

（4）将业务割接到新建电路上。

（5）拆除需要拆除的设备。

　　SW-A-2 网骨干网优化的改造重点是全面提升骨干网容量，解决骨干网多个不同厂商品牌设备组网引起的业务调整困难、转接多、带宽利用率低、交叉时隙占用多、备品备件不足、运行维护管理困难等问题。通过升级 2.5G 环网、统一采用一个主流厂商的设备、扩大覆盖面等措施解决骨干网容量低、设备种类多不利于组网、运行维护管理困难等问题，达到提高骨干网容量、提高网络和设备可靠性的优化改造目的。

　　建设时，应遵循先建后拆的原则，具体实施步骤为：

　　（1）分片区新建 SW-A-2 骨干电路，形成环网。

　　（2）对于本期优化的骨干电路及站点设备，利用新建的 SW-A-2 骨干电路，将需要割接的业务割接到新建电路上。

　　（3）分片区新建 SW-A-2 接入电路，形成接入网。

　　（4）对于本期优化的接入电路及站点设备，利用新建的 SW-A-2 骨干电路，将需要割接的业务先割接到新建电路上。

　　（5）拆除需要拆除的设备。

第5章 电力通信 SDH 网络建设实践

电力骨干传输网络是电力通信网的生命线，对电力骨干传输网络建设工程科学管控的目的就是按时、优质、安全地为电网提供通信支撑，确保工程按期投产并保证网络安全、可靠、稳定、高效运行，给国家经济建设、人民生活提供优质、可靠的电力服务，使电力企业取得较好的经济效益。因此，如何更进一步安全、科学、系统、高效地进行骨干传输网优化改造工程全过程管控工作具有重要意义。本章主要介绍电力骨干 SDH 传输网络建设施工全过程管理的主要内容和关键要点，以指导后续电力 SDH 系统工程建设。

5.1 总 体 目 标

电力通信 SDH 网络建设工程应以"统一标准、集中管控、分级负责"为总体思路，坚持"统一规划设计、统一技术标准、统一建设管理"的基本原则，根据公司相关规定和文件要求，按照工程里程碑计划，建设"安全可靠、经济合理"的优质工程。

1. 安全文明施工目标

贯彻"安全第一、预防为主、综合治理"的方针，遵守电力安全工作相关规程，落实各级安全生产责任制，杜绝违章作业和各类安全隐患，不发生六级及以上人身事件，不发生因工程建设引起的电网及设备事件。

2. 质量目标

严格按照电网公司通信网络建设项目管理办法做好项目建设的全过程管理，工程质量符合设计、施工和验收规范要求，实现零缺陷移交。

3. 进度目标

严格按照投资计划下达的项目里程碑计划，有序推进项目建设，确保工程按时完工。

4. 投资目标

深入优化工程技术方案，合理控制工程造价。最终投资经济合理，不超过可研批复概算。

5. 档案管理目标

工程档案与工程建设应同步形成。实现档案工作程序化、管理同步化、资料标准化、操作规范化、档案数字化。工程档案齐全、完整、规范、真实，归档及时。

5.2 项 目 管 理 组 织

电力通信 SDH 网络建设工程开始前各相关方应成立项目团队。一般业主单位负责项目全过程管控，由承建单位负责项目具体执行。承建方在项目建设过程中接受业主单位的管理与监督，明确各级职责，规范管控流程，确保项目建设任务圆满完成。本书主要从承建方角度介绍电力 SDH 网络项目管理工作。

承建方项目组主要职责有：

（1）依据国家和行业规范、规定和合同要求，在项目建设过程中接受承租方项目管控组的管理与监督。

（2）负责相关单位、部门以及所承接具体子项的属地协调。

（3）负责对接业主单位，组织设计、施工、监理单位等单位开展现场实施管理。

（4）负责对接设计单位，开展项目设计管理工作。

（5）根据项目进度，组织物资排产，编制到货计划，并报送业主单位。

（6）负责收集设计变更和签证单，报业主单位备案。

（7）负责定期参加召开项目例会及专项推进会。

（8）负责开展日常沟通、定期报送、重大事项汇报等沟通会议。

（9）负责组织安全检查和监督监理、施工项目部的安全管理工作。

（10）组织竣工验收移交及投运证明办理，组织结算资料送审及工程资料归档。

项目组是该项目的具体执行机构，一般下设项目经理、项目副经理和专业组，专业组主要包括计划组、物资组、安全组、质量组、技经组和资料组，各专业组按照业主单位要求完成各项专业管理任务，为项目提供专业支撑服务。

（1）项目经理。工程项目的第一负责人，对项目的进度、成本、安全、质量负责，承担项目启动、规划、执行、监控、收尾全过程管理，带领项目团队实现合同目标与项目管理目标。

（2）项目副经理。协助项目经理开展相关工作；负责做好工程项目分项管理工作；协助项目经理组织编制项目进度、成本、安全、质量等管理计划并推动计划执行；负责编制项目周报、月报等汇报文件；协调公司相关资源，推进项目物资采购及生产工作；配合项目价格审定、审计决算等工作；完成项目经理安排的与本项目相关的其他工作；在项目经理授权下行使项目经理职责。

（3）计划组。负责编制具体详细的实施计划，报业主项目部审核并接受监督；按要求将周报、月报发送至业主项目部进行分析汇总。

（4）物资组。负责项目物资到货计划、到货申请提报，到货验收管理，汇总物资到货统计等工作。

（5）安全组。负责组织编制安全策划性文件；负责建立项目安全管理台账，定期向业主项目部备案；负责召开安全例会，组织安全检查活动并督促整改，将相关记录及时反馈给业主项目部；配合安全事故的调查、分析、报告、处理等工作。

（6）质量组。负责组织编制质量策划性文件；负责召开质量协调会，组织质量检查活动并督促整改，将相关记录及时反馈给业主项目部；配合质量事故的调查、分析、报告、处理等工作。

（7）技经组。负责收集设计变更、现场签证、青赔和政处；配合价格审计；负责结算资料送审等工作。

（8）资料组。负责收集各方资料并汇总后交由业主项目部归档。

5.3　项　目　实　施

5.3.1　实施模式

电力 SDH 通信网络建设工作主要为通信设备组网建设，同一站点的实施主要涉及 SDH 设备、光放设备、OTN 设备、电源设备、配线设备及部分配套实施。根据 SDH 网络组网特点，合理规划施工进度，需要结合设计文件站点及停电计划合理编排里程碑倒排施工计划，施工单位根据里程碑倒排施工计划合理分配施工力量。

5.3.1.1　到货

由于电力 SDH 通信网络建设工作一般涉及设备种类和数量较多，设备厂家排产需要一定的周期。并且，为减少进站次数，项目部需协调 SDH 设备、OTN 设备、光放设备、电源设备、配线设备等供应厂商，根据里程碑倒排施工计划，合理编排到货计划，组织厂家分批次到货，确保同一站点的设备在进场施工前全部到货。

5.3.1.2　施工

施工单位应根据里程碑倒排施工计划，配置足够的施工力量，组织多个施工队并行施工。严格按照设计施工图进行施工，若存在疑问，及时反馈沟通，严禁私自动工。严格按照安监部门相关文件执行，开复工提前申请，每个施工队必须配置安全员，相关文件参考项目安全管控措施，杜绝安全隐患。

施工场所应配备工作负责人，随施工队进场监督，严禁擅自离岗。

监理单位需配备足够的监理力量，随施工队进场监理，严禁擅自离岗。

此外，SDH 网络建设还需进行系统调试，因此也需编制调式方案和计划。SDH 组网调试分单站调试和系统联调两种。

单站调试：厂家督导作为设备调测现场的直接负责人，需熟悉 SDH 和 OTN 原理，具备单站测试能力。负责检查尾纤是否连接正确、线路侧尾纤布放及纤芯资源核实、跳接点尾纤布放及纤芯资源核实、设备上管调测、波长配置、告警梳理等。地市公司人员和施工队配合对出现的调测问题及时解决

系统联调：厂家专业调测人员作为组网联调的直接负责人，编制组网联调方案，原则上按照优先完成 SDH 和 OTN 网络主环调测，逐步接入支环、支链及单站节点方式进行。调测指标需满足：各平均发送光功率，保持在一个水平范围，越小越好，尽量少地加入衰耗；放大盘实际发光功率与预设值匹配，越接近越好；线路衰耗满足系统设计值，冗余度越大越好；线路色散能满足系统要求，既不欠补，也不过补为最佳；各收光保持在一个水平收光范围，不要出现过载和超出灵敏度的情况。

5.3.2　采购及物资管理

网络建设过程中，应严格按照相关采购及物资管理要求，结合项目里程碑计划、合同约定交货期等关键信息，统筹项目物资计划，及时提报采购申请，并依据采购策略评审要

求的时间、内容开展招标采购工作，中标（中选）结果发布后要及时签订采购合同，积极跟进采购进度，确保项目物资供应，严禁补办手续。

工程项目部应完善项目物资现场管理规定，及时确认现场施工计划及物资进场日期，提前协调做好项目物资、工器具的发货、现场收货验收、仓储及转运准备的工作，跟踪物资发运情况，合理规划设备进场顺序，做好现场成品保护。在甲供材料进场前，工程项目部应督促监理组织业主、设计、施工、生产厂家等单位，按照国家规范标准、合同要求对甲供材料进行检验、验收。

5.3.3 标准工艺

5.3.3.1 标准工艺实施目标及要求

严格按照国家电网公司的施工技术要求进行施工，实行技术工作统一领导分级管理。为加强建设工作施工技术管理，应建立由项目总工程师负责的技术管理系统，在建设单位的统一领导下，对工程的施工技术、安全质量管理全面负责。由质检员对每道工序进行检查评比，从而保证本次优化改造工作优质快速完成。

5.3.3.2 标准工艺及技术控制措施

1. 工序工艺标准要求

应严格按照机房标准化要求，按照施工方案要求做好屏柜、子框安装；做好电力电缆敷设及做好防火封堵；做好光接口板尾纤布设；做好标签标识。

2. 落实工序工艺标准的具体措施

工作中现场工作负责人应严格按照预先制定的工作方案实施，按照通信机房标准化要求实施。硬件安装流程图如图 5-1 所示。

5.3.3.3 开箱验货

1. 检查包装箱外观

开箱验货应由业主单位、承建单位、施工方、监理方和设备厂家代表一起参加，因此要事先通知各方人员在约定的时间到达指定的地点，共同清点、验收货物。

设备到货后，应根据货物签收单检查并确认以下项目：

（1）合同号、收货单位、工程名称和收货地址准确无误。

（2）包装箱号和包装箱件数准确无误。

（3）包装箱无破损或渗水等现象。

2. 拆除包装

木箱用于包装机柜、子框、机盘和线缆等沉重物品，包装箱的外形尺寸不一，开箱方法相同。前提条件：

（1）包装箱外观检查已完成且包装外观符合开箱标准。

（2）包装箱已搬至机房或者机房附近。

纸箱用于包装机盘、附件以及小型终端设备。纸箱包装箱的外形尺寸不一，但相同类型的纸箱开箱方法相同。以打开小型终端与打开机盘的包装纸箱为例，介绍各种纸箱正确的开箱步骤。前提条件：

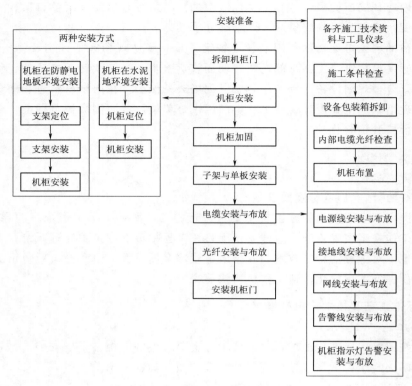

图 5-1　硬件安装流程图

（1）完成机盘盒外观检查且包装外观检查符合标准。

（2）拆封机盘的操作人员需要保持双手干净、干燥。

3．货物验收

设备开箱后，可见到装箱清单和设备配置表，需由承租方代表、出租方代表、厂家，监理，施工方，各方代表一起，按步骤核对装箱清单和设备配置表，对设备进行开箱验货。

4．核对装箱清单

装箱清单列出了设备安装附件、线缆、标签和产品手册等物件的型号和数量。现场需要根据装箱清单中列出的物件名称和数量进行核对。核对装箱清单步骤如下：

（1）核对货物的合同号、工程名称和安装站点，确保与装箱清单所示信息一致。

（2）核实箱内实发附件、线缆等的型号和数量。

（3）与装箱清单上信息一致，由各方代表在装箱清单上签字确认。

（4）与装箱清单上信息不一致，由发货厂家现场代表处理或通过致电厂家通知驻当地办事处或总部进行处理。

5．核对设备配置表

设备配置表主要列出了设备各组成部件（如机柜、子框、机盘）的型号和数量。现场需要根据设备配置表中列出的物件和数量进行核对。核对设备配置表的步骤如下：

（1）核对货物的合同号、工程名称和安装站点，确保其与设备配置表相应信息一致。

（2）拆开机柜的外包装袋，打开机柜门（若未配发机柜，跳过此步骤）。

（3）佩戴防静电手套或防静电腕带（插头已正确扣在 ESD 扣上）。

（4）检查子框、机盘等部件的物料描述与数量是否与设备配置表上的对应信息一致。

（5）若各项信息与设备配置表中一致，由各方代表在设备配置表上签字确认。

（6）若有信息与设备配置表中不一致，由厂家代表现场处理或通过致电厂家驻当地办事处或总部进行处理。

（7）设备验收完毕后，交由现场施工方对设备进行妥善保管。

5.3.3.4 屏体安装

屏体的安装位置应符合施工图的设计要求，机柜按设计统一编号。同一机房的屏体尺寸、颜色宜统一。屏体安装工艺要求如下：

（1）屏体的安装应端正牢固，用吊垂测量，垂直偏差不应大于 3mm。

（2）列内屏体应相互靠拢，屏体间隙不应大于 3mm，列内机面平齐，无明显差异。

（3）屏体底座前后横梁两侧（距边 100mm）设四个 $\phi12mm \times 40mm$ 的椭腰型孔，或配置四个活动式紧固装置，用于将设备固定在基础上。所有紧固件应拧紧，同一类螺丝露出螺帽的长度应一致。

（4）屏体应选用优质钢材，钢板厚度不小于 2mm，采用整体焊接、内部镀锌等合适的工艺制作，以保证屏体有足够的强度和良好的电磁屏蔽特性。电磁场屏蔽性能：磁场屏蔽性能为 14kHz 以上不小于 70dB、150kHz 以上不小于 95dB，电场屏蔽性能为 200kHz 以上不小于 100dB。

（5）屏体应适合 19" 或 21" 两种规格的设备安装。19" 结构的安装孔中心距 465mm，安装架内净宽约 450mm，21" 结构的安装孔的中心距 515mm，架内净宽约 500mm。安装架前、后部固定设备的安装平面距前、后门内侧的间距 50～80mm。

（6）屏体内两侧应均匀配置固定垂直线缆的横档（间隔不大于 300mm），底部两侧设置电缆固定夹，便于线缆纵向绑扎固定，后部两侧各配置 10 个穿线环。

（7）屏体内底部防小动物盖板（网）采用磁吸或其他扣件固定，不应采用永久固定方式，也不宜采用活动螺栓（安装后难以拆卸）。用于变电所控制室安装的屏体，两侧预装高出底部钢板约 200mm、$\phi30～40mm$ 的穿线管孔各 12 个，便于防火泥封堵后再次穿放线缆，每个孔均配橡胶保护圈。

（8）屏体内侧面设置 30mm×4mm 及以上规格的镀锡扁铜排作为屏内接地母排。母排应每隔约 50mm，预设 $\phi6～10mm$（中心孔宜选 $\phi12mm$）的孔，并配置铜螺栓。应预装门、侧板、框、屏内设备的接地线（设备侧预留）以及屏内接地母排至机房地母的主接地线（接母排中间），所有接地线应采用专用双色地线。所有配置的连接线端子应采用铜鼻子（端子）压接工艺，热缩套管封口。

（9）屏体抗震加固应符合通信设备安装抗震加固的要求，加固方式应符合施工图的设计要求。

（10）采用上走线方式时，屏体顶部应预留上走线穿孔。

（11）屏体应避免安装在空调出风口正下方。

1. 检查机柜的安装

子架在屏体内宜按自上而下的顺序安装，安装前先考虑各种连线的走线方式。子架安装应牢固、排列整齐、插接件接触良好。机柜安装完毕后，需要对机柜的安装质量进行检查。机柜安装检查见表 5-1。

表 5-1　　　　　　　　　　　机 柜 安 装 检 查 表

序　号	检 查 内 容	检 查 方 法
1	机柜安装位置正确，符合安装工程设计文件要求	查看安装位置
2	机柜安装垂直度偏差应不大于 3mm	测量
3	机柜固定可靠，符合工程设计文件的抗震要求	查看
4	主走道侧各行机柜对齐成直线，误差不得大于 5mm，相邻机柜应紧密靠拢，整列机柜前门应在同一平面上，无凹凸现象	查看
5	与地面固定的六角螺栓正确安装并紧固，按照加大平垫片、弹垫圈和六角螺栓的安装顺序是否正确	查看
6	各种螺栓必须拧紧，同类螺丝露出螺帽的长度应一致	查看
7	机柜不能有油漆脱落、碰伤和污迹等影响设备外观，否则应进行补漆	查看
8	机柜的结构附件安装正确可靠，门和门锁等打开关闭顺畅	查看
9	机盘插拔顺畅，需要安装假面板的地方均正确安装	查看
10	机柜所有进出线口需按要求作相应处理	查看
11	机柜里面、底部和顶部无多余的线头和螺钉等杂物	查看
12	机柜周围地板空隙应堵上，地板下不应有线头和螺钉等杂物	查看
13	所有机柜使用统一的标签标记，设备上的各种零件和有关标示正确、清晰和齐全	查看
14	防静电腕带连接到防静电接地扣上	查看

2. 检查子框的安装

子框在屏体内宜按自上而下的顺序安装，安装前先考虑各种连线的走线方式。子架安装应牢固、排列整齐、插接件接触良好。子框安装完毕后，需要对子框的接地与相关部件进行检查，并保证子框内部无杂物。子框安装检查见表 5-2。

表 5-2　　　　　　　　　　　子 框 安 装 检 查 表

序　号	检 查 内 容	检 查 方 法
1	子框接地线的连接是否正确	查看
2	子框内的空槽位应该清洁无杂物，并安装假面板	查看
3	走纤槽无破损，且与机柜连接牢固	查看

3. 检查机盘的安装

机盘安装要求如下：

（1）再次确认各站点设备配置需求和安插槽位。

（2）安插机盘前先戴上防静电手镯，以免静电损坏机盘。

（3）机盘安插到相应槽位前，仔细检查每块机盘是否有明显的损坏。如发现有损坏的机盘应及时与现场督导联系。

（4）在设备电源－48V连接未经检查前，不应把机盘安插到位，以免－48VDC电源极性接反损坏机盘。

（5）确认－48V电源连接正确后，在不加电的状态下，把机盘安插到位。

（6）机盘安装完毕后，需要对机盘安装的质量进行检查，机盘安装检查表见表5－3。

表5－3　　　　　　　　　　　机 盘 安 装 检 查 表

序　号	检 查 内 容	检 查 方 法
1	机盘应插到底且扳手正常扣好，松不脱螺钉已旋紧	查看
2	机盘扳手上的标识应正确清晰	查看

4. 检查线缆导通性

线缆布放完毕后，需要对其进行导通性测试，确保信号的有效接通，线缆导通性检查表见表5－4。

表5－4　　　　　　　　　　　线 缆 导 通 性 检 查 表

序　号	检 查 对 象	检 查 方 法
1	光纤	利用光发射器和光功率计检查是否导通
2	网线	利用网线测试仪检查是否导通
3	中继线缆	利用万用表检查线缆是否导通

5. 检查机柜门的安装

机柜门安装完毕后，应对其进行检查。机柜门安装检查表见表5－5。

表5－5　　　　　　　　　　　机 柜 门 安 装 检 查 表

序　号	检 查 内 容	检 查 方 法
1	机柜前门、侧门均已正确安装	查看
2	机柜前门安装后开、关顺畅	查看

5.3.3.5　防雷接地

接地应满足DL/T 548要求，接地装置的位置、接地体的埋设深度及接地体和接地线的尺寸应符合设计规定的具体工艺要求，如下所示：

（1）所有电气设备（含数配、音配、屏体），均应装设接地线接至地母。通信屏内接地母排至机房地母的接地线规格不应小于$95mm^2$，屏内设备至接地母排的接地线不应小于$6mm^2$，其他屏体的接地线可选用$1.5\sim2.5mm^2$规格，过压保护地线不应选用小于$6mm^2$规格的地线。

（2）接地线连接宜采用螺栓方式固定连接，其工作接触面应涂导电膏。扁钢接头搭接长度应大于宽度的两倍。扁钢与扁钢或扁钢与地体连接处至少有三面满焊，焊接牢固，焊缝处涂沥青。

（3）引入扁钢涂沥青，并用麻布条缠扎，然后在麻布条外面涂沥青保护。

（4）通信电源的正极应在直流电源屏处单点接地。

新建局（点）一般应采用联合接地（各类通信设备的交流工作地、直流工作地/保护接地及防雷接地共用一组接地体的接地方式）。一般要求如下：

（1）接地电阻应小于 10Ω。

（2）独立布放地线，不能通过建筑钢筋连接形成电气通路或通过机柜形成通路。

（3）保证接地线与机房地排接触良好。

（4）建筑物易遭雷击的地方装上避雷针、避雷带等防雷装置。

（5）机房内走线架、吊挂铁架、机柜或机壳、金属通风管道和金属门窗等均应作保护接地。

5.3.3.6　设备接地

设备通用接地规范包括：

（1）接地设计应按均压、等电位的原理设计，即采用工作接地、保护接地（包括屏蔽接地和配线架防雷接地）共同合用一组接地体的联合接地方式。

（2）机房内走线架、吊挂铁架、机柜或机壳、金属通风管道、金属门窗等均应作保护接地。

（3）设备正常不带电的金属部件均应作保护接地。

（4）保证接地线与机房保护接地排接触良好。

（5）不得利用其他设备作为接地线电气连通的组成部分。

5.3.3.7　设备供电

机房电源引线入室，满足施工需要，电源功率应保证设备对功率大小的要求，并留有余量。电源柜上还需配备足够的接线端子。

直流电源要求：直流供电系统包括蓄电池、整流器、直流配电等。设备的标称直流工作电压为 $-48V$，电压允许的变化范围为 $-57\sim-40V$。直流电源应具有过压/过流保护及指示。

5.3.3.8　设备加电步骤

1. 检查供电设备保险容量

供电设备的保险容量必须保证本设备在最大功耗下能够正常运行，且需综合考虑机柜中的设备配置及扩容预留情况后进行保险容量的选择。

2. 检测供电设备输出电压

测量供电设备输出电压值是否在正常范围内。检测步骤如下：

（1）确保机柜顶部 PDP 上的所有主备开关均在 OFF 侧。

（2）利用万用表直接测量供电设备对应输出端子间的电压，要求供电设备输出电压范围为 $-57\sim-38V$；若输出电压不在此范围内，应提出整改建议直至输出电压符合要求。

3. 接通机柜电源

上电准备：设备采用 $-48V$ 直流电源供电，电压允许变化范围为 $-57\sim-40V$。设备通电前，应对下列内容进行检查：

（1）确认机柜电源线与外部供电设备之间的连接正确。

（2）各级线缆连接正确。

（3）PDP 上所有电源开关均置于 OFF 侧。

（4）各个子框的电源线插头被拔掉。

（5）子框内所有机盘被拔出（浮插）。

（6）子框内所有风扇单元被拔出（浮插）。

4. 机柜上电

上电步骤如下：

（1）分别测量 PDP 上外接电源端子"－48V"与汇流条上"0V"端子之间的电压，其正常值应在－57～－40V 之间。

（2）如果步骤（1）中所测出的电压值不合要求，应检查供电设备以及供电线路，直至电压值符合要求。

（3）将 PDP 上的所有电源开关均置于 ON 侧。

（4）分别测量各个子框电源线插头的"－48V"与"0V"端子之间的电压，所测电压值应在－57～－40V 之间。

（5）上述检测均符合要求后，表明机柜上电正常。

5. 接通子框电源

（1）上电准备：

1）确认机柜电源线与外部供电设备之间的连接正确。

2）各级线缆连接正确。

3）PDP 前面板上的所有电源开关均置于 OFF 侧。

4）各个子框的电源线插头被拔掉。

5）子框内所有机盘被拔出（浮插）。

6）子框内所有风扇单元被拔出（浮插）。

（2）子框上电步骤如下：

1）主备子框电源线插头分别插入子框主备电源接口。

2）将 PDP 前面板上主备电源所对应的开关置于 ON 侧。

3）确认子框无异响、异味后，首先插入风扇单元，风扇单元插入后即开始运行，风扇单元周围应有空气流通。

4）依次插入子框内各个机盘，检查各机盘指示灯是否正常。

5）上述检测均符合要求后，表明子框上电正常。

6）通常 3～5min 后机盘上电正常运行。

5.3.3.9 线缆布放与绑扎

1. 线缆布放

线缆的布放方法与要求如下：

（1）在安装了支架和防静电地板的机房，线缆宜采用下走线方式，所有线缆从地板夹层或走线槽通过。

（2）线缆布放的规格、路由、截面和位置应预先设计好，线缆排列必须整齐，外皮无损伤。

（3）线缆的最小弯曲半径应大于 60mm。

（4）不得损伤导线绝缘层或保护层。

（5）线缆的布放须便于维护和将来扩容。

2. 屏内走线

屏内走线安装工艺要求如下：

（1）屏内所有安装设备（装置），宜在设备下配置一组走线/余线框，设备上下排列没有明显空隙。

（2）屏内所有连接走线均采用向下（上），经走线框向后，再向两侧走线的方式，余线排（盘）放在余线框中。所有连线应从设备下部的走线/余线框向后走，不应从设备的侧面、顶部、正面走线。前出线设备的接线先向下（上）走到底部，经专设的走线框引到设备背后出线。对于机框较高的设备，在后背板上部的出线可直接引到屏体上的走线槽，所有线缆应与设备背板保持垂直，并在屏体上装设的走线槽上固定。其他高低不一的设备后出线应先向下（上）走到设备后背下（上）部，再水平向后走线，进对应的走线槽。屏不能后开门时，设备接线可经走线框向两侧走线。

（3）屏内除光缆尾纤外，各种连线应按类别扎成圆形、方形或扁形的线把。每台设备连接线经走线框后部两侧开口走线进入垂直走线区，信号小线经靠屏左和右内两列走线区（环）上下走线，电源线经右外走线区（环）上下走线，并按照线色分开扎把。

（4）进入屏内电缆的外层护套宜在进屏后 150～300mm 的高度统一剥去，所有缆线应从屏两侧走，所有细线缆应捆扎成普通电缆粗细的小把，然后与其他电缆排列成纵向（从前后看）的直线队列。

（5）所有缆线在水平、垂直走线过程中，均应与周围的线缆排列整齐、成排，每排缆线在同一平面或纵面，线线或缆缆之间应平行靠紧，没有交叉缠绕。线缆较多，一排不能排下时，可分多层排列。排列成排的线缆的固定扎线应有均匀间隔：垂直方向间隔 200～300mm，屏内线缆水平方向间隔 100mm，终端线把间隔 50mm。每处扎结用的材料，扎结的位置、方向和式样应一致。

（6）所有连接线均应采用规范的线缆，不应使用护套线、裸露线。

（7）所有缆线均应挂好标志牌、加标记套管，屏体内缆线的标记套管或标记牌应设置在电缆头紧靠热缩套管的末端，机房其他布线的挂标牌应在机房进出口处挂设。

3. 室内走线

安装工艺要求如下：

（1）强、弱电电缆应分开布放，弱电电缆宜分类布放。

（2）机房内尾纤应穿保护子管。

（3）所有线缆在室内走线应绑扎。线缆水平方向间隔 500mm，终端线把间隔 50mm。每处扎结用的材料，扎结的位置、方向和式样应一致。绑扎后的线缆应互相紧密靠拢，外观平直整齐。线扣间距均匀，松紧适度。用麻线扎线时应浸蜡。

（4）在活动地板下布放的线缆，应注意顺直不凌乱，尽量避免交叉，并且不应堵住送风通道。

4. 线缆成端

(1) 电缆成端工艺要求如下：

1) 电缆成端线头的绝缘护套剥离长度应使露出的金属刚好与端子可靠连接，没有多余裸露。

2) 电缆所有接线均采用压接、焊接、接插件或端子接线（卡接）方式，其外护套、连接线绝缘护套剥离处、压接头子的压接处均应匹配热缩套管，热缩套长度宜统一适中，热缩均匀。

3) 电缆焊接时，芯线焊接应端正、牢固，焊锡适量，焊点光滑、不带尖、不成瘤形。

(2) 光缆成端工艺要求如下：

1) 正确区分两侧光缆中光纤排列顺序，确定光纤熔接顺序，并符合设计规定。

2) 在光纤上加套带有钢丝的热缩套管。

3) 除去光纤涂覆层，用被覆钳垂直钳住光纤，快速剥除 20～30mm 长的一次涂覆层和二次涂覆层，用酒精棉球或镜头纸将纤芯擦拭干净。剥除涂覆层时应避免损伤光纤。

4) 光纤切割时应长度准、动作快、用力巧，光纤应是被崩断的。制备后的端面应平整，无毛刺、无缺损，与轴线垂直，呈现一个光滑平整的镜面区，并保持清洁。

5) 取光纤时，光纤端面不应碰触任何物体。端面制作好的光纤应及时放入熔接机 V 形槽内，并及时盖好熔接机防尘盖。放入熔接机 V 形槽时光纤端面不应触及 V 形槽底和电极，避免损伤光纤端面。

6) 光纤熔接时，根据自动熔接机上显示的熔接损耗值判断光纤熔接质量，不合格应重新熔接。

7) 用 OTDR 对接续性能进行复测及评定，符合接续指标后立即热融热缩套管，热缩套管收缩应均匀、管中无气泡。宜在全部纤芯接续完毕后，用 OTDR 进行复测，不合格应重新接续。

5. 标签粘贴规范

尾纤标签粘贴要求：

(1) 所有的跳纤标签必须用机打标签，不允许手写。

(2) 标签规格须按统一旗形规格，颜色架内统一白色。

(3) 标签粘贴位置须距离尾纤纤头 50mm，且各标签朝向统一。

6. 线缆绑扎

线缆绑扎方法和要求：

(1) 线缆在走线区布放完毕后，必须用扎线带小心捆扎，光纤跳线不可过度捆扎。

(2) 布放槽道线缆时，可以不绑扎，槽内线缆应顺直，尽量不交叉，线缆不得超出槽道。

(3) 在线缆进出槽道部位和线缆转弯部位应按照正确的捆扎方法对线缆进行固定。

(4) 尾纤绑扎统一使用线缆专用绑扎带（俗称魔术贴）进行绑扎。

(5) 尾纤分段绑扎整齐，绑扎线扣均匀整齐，松紧适度，各类施工场景中绑扎方式必须统一。

5.3.4　SDH 设备安装及调试

5.3.4.1　主设备安装及调试

1. 施工步骤分解

施工步骤分解图如图 5 - 2 所示。

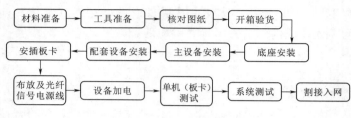

图 5 - 2　施工步骤分解图

2. 施工步骤详细内容及控制措施

（1）材料准备。组织施工班组按照建设单位的物管流程到仓库根据设计领取各种材料，及时安排配送。由专人随车配送，搬运时要注意对设备进行保护、板卡要求轻拿轻放。搬运过程中不得因为设备较大而拆除外包装。

（2）工具准备。根据工程特性准备相关仪表工具，对仪表工具性能进行检查。车辆检查所有车况、保险和灭火装置。梯子检查防滑处理有没有做。工器具检查绝缘措施是否完好。劳保用品检查外观及性能是否良好。

（3）核对图纸。现场根据设计图纸进行核对，如有不符要及时通知建设方、监理及设计院，做好设计变更工作，经监理确认后方可施工。

按施工图纸，检查机架安装的位置是否和图纸相符，观察安装位置有没有阻碍，预留尺寸符不符合要求；检查线缆走线路由是否符合要求，路由行进当中是否有阻挡，上下拐弯处能否自然布放，线缆长度和路由长度是否相符；检查电源柜端子位置、型号、容量是否符合设计要求，下线处能否自然下线，有无应力等等；检查 DDF、ODF 架端子位置是否符合要求，端子上是否被占用，下线路由是否被阻挡。

施工图纸资料一般包括：设备安装平面图、线缆计划表、线缆走线路由图、机架安装面板图、端子分配图、铁件安装图（如有）。

（4）开箱验货。对 SDH 设备机柜、子框、板卡、尾纤、配线架、电源模块等货物进行开箱验货，包括检查包装箱外观、拆除包装、核对装箱清单、核对设备配置表、货物验收等流程。开箱验货应由业主单位、承建单位、施工方、监理方和设备厂家代表一起参加，需事先通知各方人员在约定的时间到达指定的地点，共同清点、验收货物。

（5）底座安装。如是防静电地板机房则需要根据图纸要求安装底座。底座安装要求四角打膨胀螺丝固定，要达到垂直和水平度的要求。

（6）主设备及配套设备安装。按照设计进行主设备机柜（如：WDM 设备 \ OTN 设备 \ PTN 设备 \ SDH 设备等）和配套设备（如电源设备、ODF 架等）的安装。

根据图纸位置进行安装，如有问题及时和设计人员及监理反应。要保证设备安装牢固。水平、垂直及设备之间隔离度达到规范要求。

1）根据设计文件确定机柜安装位置，并用铅垂仪和粉斗画出基准线。根据基准线使用划线模板及记号笔对四个机柜连接孔做标记划线，某项目主设备安装标记划线场景如图 5-3 所示。

2）选用 φ16 冲击钻头，用冲击钻在已定位的四个机柜安装孔位上打孔，若为水泥地面则需使用吸尘器将所有孔位内部、外部的粉尘清除干净，再测量孔距。膨胀螺栓加固示意图如图 5-4 所示。

图 5-3　某项目主设备安装标记划线场景

3）将膨胀螺栓预拧紧，垂直放入孔中，用铁锤敲打，直至膨胀管全部进入孔。依次取出螺栓、弹垫和大平垫。某项目安装膨胀螺栓场景如图 5-5 所示。

4）将机柜放置在规划位置，必要时候需要使用橡皮锤敲击机柜对位置进行微调。将弹垫、平垫和绝缘套套入 4 个膨胀螺栓，并预拧紧。某项目主设备安装加固场景如图 5-6 所示。

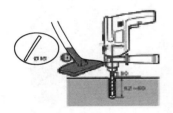
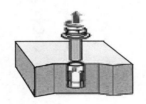
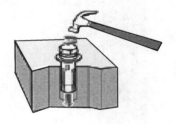

图 5-4　膨胀螺栓加固示意图

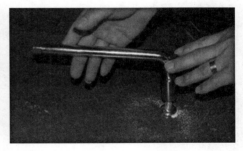

图 5-5　某项目安装膨胀螺栓场景

图 5-6　某项目主设备安装加固场景

5）将 2 块绝缘板放在机柜下面，并在机柜底部加入调平垫片。某项目机架水平调整场景如图 5-7 所示。

图 5-7　某项目机架水平调整场景

6）用水平仪（或者直尺）和铅锤仪检查水平度和垂直度。机柜垂直偏差度应小于 3mm。整行机架表面应在同一平面上，排列紧密整齐。某项目机架垂直度调整场景如图 5-8 所示。

图 5-8　某项目机架垂直度调整场景

（7）安插板卡。由厂家督导配合，根据设计要求安插板卡。

安插板卡时需要有厂家督导，在现场进行监督指导，一定要保持身体干燥，需要佩戴防静电手环或者防静电手套，不得空手去拿板卡。插时要对应槽位安放，不得野蛮施工。

（8）布放电源线。按照设计走线路由要求布放电源线与接地线缆，并将线缆接入设计指定的空开或熔丝。

1）测量机柜顶部电源盒到机房电源列头柜的距离，截取合适的输入输出电源线和 PGND 保护地线长度，将电缆两端粘贴上临时标志。在电缆两端接上配套的接头，接口应压紧，并套上热缩套管，不得将裸线及接口柄露出。某项目铜鼻子制作场景如图 5-9 所示。

2）电缆走线应做到横平竖直，转弯处应圆滑，与有棱角的结构件固定时，应做必要的防割处理，可使用电源线外皮对结构件进行包裹。某项目电源线布放场景如图 5-10 所示。

3）电源线布放路由根据设计图纸进行布放，布线时注意预留后期扩容的空间。电源线标识牌内容清晰，朝向一致。设备的电源线、地线连接正确可靠。电源线及地线现场压接线鼻时，应焊接或压接牢固。电源线连接一次电源或列头柜时，余长要剪除，不能盘绕。某项目列头柜接线场景如图 5-11 所示。

图 5-9 某项目铜鼻子制作场景

图 5-10 某项目电源线布放场景

图 5-11 某项目列头柜接线场景

（9）布放光纤信号线。按照设计走线路由要求布放光纤信号线，根据设计要求在指定 ODF 加内做好业务成端链接或接入到指定线路纤芯中。

1）同机柜内内部尾纤走线时应在侧面走线，绑扎在机柜侧面靠前的走线区域。**跨机架连接的内部尾纤走线路由则绑扎在靠后的槽道内。**某项目机架内盘纤场景如图 5-12 所示。

2）尾纤走线路由正确，尾纤走线平直，拐弯时半径不小于 4cm。对成股尾纤使用缠绕丝进行绑扎，架内光纤先用缠丝缠绕后再用小扎带绑扎固定。出机柜进入走线槽之前使用缠绕管或波纹套管对光纤进行保护。某项目尾纤保护场景如图 5-13 所示。

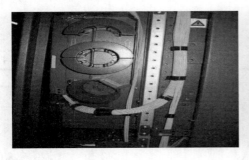

图 5-12　某项目机架内盘纤场景

图 5-13　某项目尾纤保护场景

3）根据设计信号线走线路由进行光纤信号线的布放，多余尾纤尽量选择盘绕在 ODF 架内，如 ODF 架内空间不足，征得建设方及监理同意后，可将多余部分布放在尾纤槽内。尾纤多余部分在尾纤槽内盘绕时，半径不小于 4cm，尾纤长短不一时尽量布放得有层次感。某项目尾纤布放场景如图 5-14 所示。

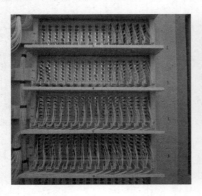

图 5-14　某项目尾纤布放场景

4）对所布放的光纤用标签进行标注，注明本、对端位置，条件允许的话可注明所承载的业务名称。

（10）设备加电。所有设备安装完毕后，安排持有电工特种作业证的人员进行设备加电。

加电需建设方随工及监理在场,现场检查电源线连接无误,使用万用表分别测试设备侧与电源柜侧的电压,测试结果符合标准之后进行加电操作。某项目设备加电场景如图5-15所示。

图 5-15 某项目设备加电场景

(11)单机(板卡)测试。设备加电后由厂家督导导入数据,对设备进行正确配置之后,进行设备单机(板卡)测试。单机测试指标包括平均发送光功率、发送信号波形(眼图)、接收灵敏度、最小过载光功率、抖动(包括输入抖动容限及频偏、输出抖动、SDH设备映射抖动及结合抖动、再生器抖动转移特性等)等。

测试前与督导进行沟通获取所测板卡的各项指标数据,并检查测试所用仪表工作正常。根据所测试项目对仪表进行设置,在厂家督导的指导下对需测板卡进行测试,及时记录测试数据并与指标数据进行对比,将结果汇报至建设方及监理,如有不达标板卡需与厂家督导进行协调更换。测试设备侧与电源柜侧的电压,测试结果符合标准之后进行加电操作。某项目单机(板卡)测试场景如图5-16所示。

图 5-16 某项目单机(板卡)测试场景

(12)系统测试。系统测试指标一般包括 SDH 各速率接口数字通道误码测试、系统输出抖动测试、复用段和通道保护倒换测试、设备冗余功能验证、交叉连接设备功能验证、网管功能验证等。

测试过程中，应由网络管理工作人员根据设计方案对搭载业务进行正确配置。配置完成后方可对相应电路进行测试。测试采用环路测试方式，需联系站端测试人员，在相应设备端口处进行环回。应避免采用设备电路软环回的方式进行测试，测试时间应不少于24h，测试过程中不可断电。环路测试示意图如图 5-17 所示。

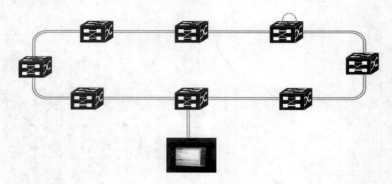

图 5-17　环路测试示意图

（13）割接入网。系统调试结束后，将调试数据上报建设方终端操作人员，然后配合割接入网。在系统调试结束后应完成调试资料核对，并恢复调试期间受影响业务。

5.3.4.2　电源配套设备施工方法及技术措施

1. 施工步骤分解

施工步骤分解结构如图 5-18 所示。

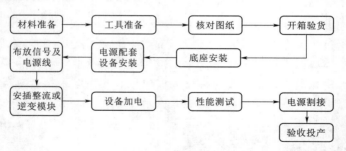

图 5-18　施工步骤分解结构

2. 施工步骤详细内容及控制措施

施工步骤详细内容及控制措施表见表 5-6。

表 5-6　　　　　　　　　　施工步骤详细内容及控制措施表

施工步骤	施工内容	控制措施
材料准备	组织施工班组按照建设单位物管流程到仓库根据设计领取各种材料，及安排配送	由专人随车配送，搬运时要注意对设备保护、模块要求轻拿轻放。搬运过程中不得因为设备较大而拆除外包装
工具准备	根据工程特性准备相关仪表工具，对仪表工具性能进行检查	车辆检查所有车况、及保险和灭火装置。梯子检查防滑处理有没有做。工器具检查绝缘措施是否完好。劳保用品检查外观及性能是否良好

续表

施工步骤	施工内容	控制措施
核对图纸	到现场根据设计图纸进行核对，如有不符要及时通知建设方、监理及设计院，做好设计变更工作	对照图纸仔细核对现场，并和监理确认后方可施工。如有设计变更，需要获得更新后的设计文件，方可按图施工
开箱验货	由厂家督导带领下对设备进行开箱检验，并配合填写开箱报告	核对设备数量是否与设计及装箱单一致。检查设备外观及内部是否完好。如无督导在场不得擅自开箱
底座安装	如是防静电地板机房需要根据图纸要求安装底座	底座安装要求四角打膨胀螺丝固定，要达到垂直和水平度的要求
电源配套设备安装	按照设计进行电源配套设备的安装如：开关电源柜、交流屏、电池或电池组、UPS不间断电源等安装	根据图纸位置进行安装，如有问题及时和设计人员及监理反应。要保证设备安装牢固。水平、垂直及设备之间隔离度达到规范要求
布放信号及电源线	按照设计走线要求布放设备信号及电源线缆	信号线与电源线要分开布放，强电与弱电线要分开布放、不得交叉或集中绑扎。单对软光纤布放要走光纤槽道，无槽道的要用缠绕管或波纹管保护，不得直接用扎带绑扎。所有线缆不得走90°直角弯
安插整流或逆变模块	由厂家督导配合根据设计要求安插整流或逆变模块	插板卡时一定要保持身体的干燥，需要佩戴防静电手环或者防静电手套，不得空手去拿模块。插时要对应槽位安放，不得野蛮施工
设备加电	所有电源配套设备安装完毕后，安排人员进行设备加电	电源配套设备加电作业前必须向建设单位报批，获得批准后方可加电。加电前，必须再次检查电源连接有无错误，用万用表测量电压及电流，确认无问题后，由持有电工特种作业证人员进行逐级加电操作
性能测试	对全套电源配套设备进行性能测试	根据电源配套设备厂家提供的技术参数，对配套设备的主要性能指标进行测试。其中主要为电源系统的稳定性测试，电池组的充放电测试
电源割接	性能测试结束后，将测试数据上报建设方管理人员，在确保电源配套设备性能可靠后方可进行电源割接	向建设方提交电源割接报告，并获批的前提下，夜间进行电源割接。电源割接影响业务的，必须在凌晨6：00前恢复所有业务。如一次割接不能完成整个系统的入网，要安排二次割接
验收投产	向建设单位和监理单位提交验收申请	组织建设单位、监理至现场进行工程验收

5.4　项目安全管控措施

5.4.1　疫情防控期间管理措施

为有效应对疫情，应成立疫情防控工作领导小组，全面及时地部署和协调公司各项疫情防控工作，并对项目现场防疫措施做如下说明。

5.4.1.1　项目人员疫情防控措施

做好员工健康档案登记，记录员工的地域分布和健康状况，并收集员工过去两周的行动轨迹和目前所在位置，包括员工居住的小区、小区周边是否发现了感染者、疑似感染者。

一旦怀疑员工是疑似患者，必须要及时将其隔离，并且提供相应的防护用品，做好员工的安抚工作。然后联系疾控机构，请他们指导公司进行深度消毒。并且排查该疑似病人接触过哪些人，时间、名字都要做记录，之后进行 14 天隔离。

项目现场安全管理人员负责确认项目组人员复工前在当地的隔离时间是否满足用户要求，并每日对项目组人员进行体温监测及统计，询问是否存在咳嗽等症状；进入工作场所必须佩戴口罩，发现异常情况，及时报告并采取相应防控措施。

保持办公区环境清洁，建议每日通风 3 次，每次 20～30min，通风时注意保暖。人与人之间保持 1m 以上距离，多人办公时佩戴口罩。保持勤洗手、多饮水，坚持在进食前、如厕后严格按照六步法洗手。

不信谣，不传谣，严禁利用社交媒体传播不实信息制造恐慌情绪。

5.4.1.2　项目物资防疫管理措施

要求物资供应商复工复产应全面做好疫情防控和生产保障措施，确保原材料储备满足防疫要求，生产制造环境例行进行消毒，物资运输管控严谨，防护物资储备充足。

防疫物资储备包括储备医用口罩、橡胶手套、温度计、红外测温仪等个人防护用品，并每日更换口罩和手套。储备消毒剂、消毒洗手液、肥皂、消杀用具喷雾器等消毒用品，并在卫生间、食堂等主要场所设置消毒洗手液、肥皂等消毒用品。储备退烧药、抗生素等备用药品，以备不时之需。

废弃的口罩不可随意丢弃，统一丢至有"废弃口罩"标识的垃圾桶内。

5.4.2　作业人员管理措施

5.4.2.1　作业人员准入管理措施

参加本项目的作业人员必须在 18 周岁及以上，身体健康，无妨碍工作的病症。体格检查至少两年一次。

作业人员应经过相应的安全生产教育和岗位技能培训，考试合格，掌握本岗位所需的安全生产知识、安全作业技能及紧急救护法。结合工程特点，对上岗前员工进行"安规"及相关安全知识的培训教育并进行考试；考试不合格的人员可进行一次补考，补考不合格则予以清退。

分部分项工程开工前，对作业人员进行安全技术措施交底；未参加交底或未履行签字确认手续的，不允许上岗。

每天上班前开站班会，交任务、交技术、交安全；查衣着、查"安全帽、安全带、安全绳"、查精神状态；未参加站班会的作业人员不允许参加作业。

特殊工种人员持证上岗，上岗前提供有效证件报监理项目部审查，需经过培训教育并考试合格。

对作业人员开展危险因素及控制措施、应急处置方案、急救知识培训，提高作业人员风险防范及应急处置能力。

5.4.2.2 作业人员现场培训措施

项目部由安全专责主持制订培训教育计划，使得培训内容能够涵盖工程涉及的所有方面。针对不同的岗位、工种制定有针对性的培训。

开工前施工项目部组织全体作业人员需进行统一培训，考试合格后方可进场施工。

结合工程特点，对上岗前员工进行"安规"及相关安全知识的培训教育并进行考试，考试合格后可以上岗工作。

特殊工种人员持证上岗，上岗前提供有效证件报监理项目部审查，需经过培训教育并考试合格。

对作业人员开展危险因素及控制措施、应急处置方案、急救知识培训，提高作业人员风险防范及应急处置能力。

涉及新技术、新工艺、新设备、新材料的项目人员，应进行专门的安全生产教育和培训。

施工项目部应丰富培训方式，可以利用视频类课件对核心劳务分包人员进行培训，提高现场作业人员的安全防护意识和作业技能水平。

5.4.2.3 作业人员行为管理措施

作业人员应严格遵守现场安全作业规章制度和作业规程，服从管理，正确使用安全工器具和个人安全防护用品。发现安全隐患时应妥善处理或向上级报告；发现直接危及人身、电网和设备安全的紧急情况时，应立即停止作业或在采取必要的应急措施后撤离危险区域。

进入施工现场必须正确佩戴安全帽，穿着符合安全要求的工作服，着装力求整齐统一并佩戴胸卡，严禁穿拖鞋、凉鞋、高跟鞋，以及短裤、裙子等。严禁酒后进入施工现场。

高处作业的作业人员必须正确佩戴安全带、安全绳、攀登自锁器、工具包，并在施工中正确使用。高处作业人员应衣着灵便，衣袖、裤脚应扎紧，穿软底鞋。在作业过程中，高处作业人员应随时检查安全带（绳）是否牢固，在转移作业位置时不得失去保护。高处作业应设安全监护人。

从事焊接或切割的人员须持证上岗，并应穿戴专用工作服、绝缘鞋、防护手套、防护镜等符合专业防护要求的劳动保护用品。使用超过安全电压的手持电动工具时，应佩戴绝缘防护用品。

使用小型施工机械的人员应掌握各类机械的操作规程，严格按照操作规程进行作业。

现场施工用电设施的安装、运行、维护，应由专业电工负责。

5.4.3 施工机械及工器具管理措施

5.4.3.1 施工机械及工器具准入管理措施

项目经理为现场施工机械安全管理第一责任人，负责组织建立项目部施工机械安全管理制度；设置机械管理专责人员，负责施工机械作业的组织实施，并对施工机械的日常管理和作业进行安全管理和监督。

机械管理专责人员按工程施工需要，到公司机械管理部门领用机械并办理领用手续，对带有动力的施工机具应当面试机交验，确保领用的机械性能完好。对带电施工机具应确保其具有良好的外壳绝缘性能和防触电措施。

工程结束后，办理施工机械回退手续。

5.4.3.2　施工机械及工器具过程管理措施

机械管理专责人员对到库的施工机械按品种、规格、型号分别存放，进库检验台账、标识，做到账、卡、物相符，且保持库容整洁。

在施工巡检中，发现机械违章操作、使用及机械缺陷，应立即提出整改要求，整改合格后方可投入施工。

机械的操作使用应按照机械操作规程进行，机械施工前检查机具的完好性，发现不合格或有疑问的立即停止使用，并与项目部机械管理专责人员联系处理。

在施工巡检中，发现机械违章操作、使用及机械缺陷，立即提出整改要求，整改合格后方可投入施工。

机械管理专责人员负责机具的定期维修、保养工作，并作好检修记录，以保证在库机械处于完好状态。收集、整理好领用单、退料单、维修任务单等原始资料，做好上述单据的统计工作。

5.4.4　安全文明施工管理

项目管理人员和作业班组应对施工现场可能存在的环境因素和重要环境因素进行持续辨识，严格执行组织方案中所列重要环境因素的控制措施，防止污水、粉尘、噪声和固体废弃物等污染，降低能源消耗，减少对顾客、居民和环境的不利影响。保持施工现场良好的作业环境、卫生条件和工作秩序，做到清洁生产、文明施工。

严格管控施工现场垃圾、噪声、临时用电的使用，达到"文明施工示范施工现场"的标准。施工现场垃圾应统一回收，堆放到指定地点，施工现场要做到日干日清、工完场清。施工现场根据工程大小设定专人负责材料整理和现场卫生保洁工作。

在项目部办公楼前设置"四牌一图"，即工程项目概况牌、工程项目管理目标牌、工程项目建设管理责任牌、安全文明施工纪律牌及总体布置图。

在综合办公室入口处，室内分别张贴施工现场组织机构图、安全监督网络图、质量保证体系图、技术保证体系图、消防治安保卫管理体系图、机械设备安全管理体系图等组织机构图和施工项目部管理人员岗位职责表、晴雨表等图表。

在项目经理、总工室分别张贴项目经理、项目副经理、项目总工等岗位职责。

项目部配备常用药品箱。

依据国家电网公司《输变电工程安全文明施工标准》（Q/GDW250—2009）要求，树立国家电网公司输变电工程安全文明品牌形象"设施标准、行为规范、施工有序、环境整洁"。现场的安全文明施工设施、安全标识标志、绿色施工等各个方面必须达到《国家电网公司输变电工程安全文明施工标准化图册》的相关要求。

环保、水土保持、安全等各项工作应满足相关政府主管部门的管理要求及验收标准。不发生环境污染事故，污染按规定排放，污水排放合格率100%，施工噪声不超标等。

项目部为环境保护的主管部门，按国家及地方有关法规和项目法人的有关要求，制定本工程的环境保护技术措施。各施工班组是环境保护的实施部门，负责按环境保护技术措施的要求进行工程的施工；专职安全员、专职质检员为环境保护实施的现场监督者，负责按措施要求，监督、检查环保措施的实施。加强对入场员工的环保教育，让员工树立环境保护观念，自觉按环保要求开展工作。项目工地在环保方面也要进行合理投资。

5.4.5 安全检查及隐患排查

5.4.5.1 安全检查计划与实施

项目经理每月组织一次安全检查；施工队长每周组织开展一次安全检查；安全员每天进行现场安全巡查，根据上级管理要求或季节性施工进展情况，开展各项安全专项检查。

检查内容包括现场施工技术方案执行状况、施工机械和安全工器具完好状况、临近带电体作业安全作业情况等影响安全施工作业的各项活动。

作业前，作业人员应检查相应施工技术方案是否规范执行、施工机械化和安全工器具是否完好、现场安全工况是否良好等；作业过程中，应做到"四不伤害"。

发现安全问题应及时做好闭环整改工作，对于重复发生的安全问题或安全通病开展分析，制定防范措施。

每月开展隐患排查治理工作，上报安全隐患并及时治理。

施工过程中发现违章作业、违章指挥、违反劳动纪律等情况，按项目部奖惩制度进行处罚。

各级安全管理保证体系和监督体系人员应按照要求履行安全职责，监督开展问题整改与隐患消除工作，认真落实闭环管理要求，严格做到"违章问题不整改不作业、安全隐患不消除不作业"。

一切施工现场必须设安全监护人，在《安全施工作业票》中明确，并在站班会上向参与作业的人员告知。安全监护人不得无故离开施工现场，因特殊情况需离开时，必须向施工负责人请假，另派安全监护人。

安全监护人必须监督并保证：

（1）施工现场的安全措施设置、现场安全交底到位，必要时补充布置有关安全措施。

（2）必须制止作业人员野蛮施工、扩大工作范围、增加工作内容、变动安全措施（方案）等违章作业、违章指挥行为；时刻提醒施工现场作业人员、高处作业人员做到100%防护。

（3）监督各种设备、施工机具、安全工器具、劳动防护用品的现场检查和正确使用。

（4）制止违反安全文明施工的行为，制止违反劳动纪律的行为。

（5）安全监护人对违反规程、安全措施（方案）规定的行为，应责令其停止作业，同时向施工队长或施工负责人汇报，并做好书面记录。

5.4.5.2 隐患排查及整改闭环

对于检查发现的安全问题应及时做好闭环整改工作；对于重复发生的安全问题或安全通病应开展分析，制定防范措施。

每月开展隐患排查治理工作，上报安全隐患并及时治理。

各级安全管理保证体系和监督体系人员应按照要求履行安全职责，监督开展问题整改与隐患消除工作，认真落实闭环管理要求；严格做到"违章问题不整改不作业、安全隐患不消除不作业"。

施工过程中发现违章作业、违章指挥、违反劳动纪律等情况，按项目部奖惩制度进行处罚。

应包含工程安全检查计划、实施、整改闭环及隐患排查等内容。明确职责分工、检查类型、检查内容、检查周期、违章治理、闭环整改及防范措施等。

5.4.5.3　施工安全风险管理措施

作业开展前七天，施工项目部将风险作业计划报业主、监理项目部及本单位。

作业前复核施工作业必备条件，对新的环境条件、实施状况和变更，补充控制措施，评估项目风险控制的有效性。

1. 施工作业票办理

（1）作业前，根据电网公司相关规定以及风险识别、评估清册及复测结果，填写相应的施工作业票。

（2）专业分包商自行开具作业票。专业分包商将工作票签发人、工作负责人、安全监护人报施工项目部备案，经施工项目部培训考核合格后方可开票。

2. 施工作业票使用

（1）作业开始前，工作负责人要对作业人员进行全员交底，提示主要风险，并组织全体参加作业人员在"全员签名"栏签字。

（2）每天作业前，工作负责人必须通过《每日站班会及风险控制措施检查记录表》进行交底。作业过程中，工作负责人按照作业流程，逐项确认风险控制措施落实，并随时检查有无变化。作业现场"风险控制关键因素"发生变化时，应完善措施，重新办理作业票。在风险控制措施不落实的情况下，作业人员有权指出、上报，并拒绝作业。

（3）人员变更需经过工作负责人同意。对新增人员应进行安全交底并履行签字手续。

（4）作业票在作业全过程留存现场，工作结束后及时交施工项目部存档。

5.4.5.4　预防与预警措施

预防分类及措施表见表 5-7。

表 5-7　　　　　　　　　　　预 防 分 类 及 措 施 表

分　类	措　　施
预防	落实岗前教育：本公司员工必须接受"三级安全教育"，考试合格后方能持证上岗。三级教育为：公司级；部门（项目部）级；班组级
	加强日常安全管理：落实各级安全责任制，特别是施工现场责任人的安全责任到位；严格遵守驾驶人员"十项禁令"、线务人员"五项禁令"、涉电和割接"六项禁令"、线路作业"十不准"内容、公司安全生产操作规程；加强现场监督检查
	落实安全隐患排查活动，加强危险源辨识能力，有针对性地制订重要危险源防范措施
预警	紧急情况/事故发现人员，应立即向现场安全责任人、地区负责人或项目部经理、分公司总经理报告。如果是火灾事故，必须同时拨打 119 向公安消防部门报警，人员伤亡急救拨打 120、110
	根据事故类别向公司应急救援小组报告、向事故发生地政府主管部门报告
	报告应包括以下内容、事故发生时间、类别、险情程度、地点、联系人姓名和电话等

5.4.5.5 施工生产安全事故的处置程序

施工生产安全事故处理流程图如图5-19所示。

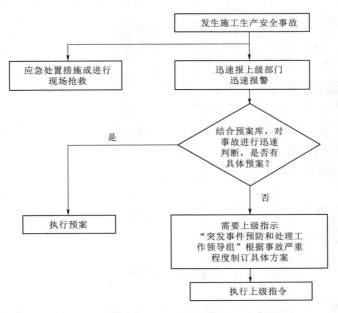

图5-19 施工生产安全事故处理流程图

5.4.6 环境保护及水土保持措施

1. 防止大气污染

机械设备、车辆需有专业机构出具的尾气排放达标标志，施工现场应使用清洁能源，现场严禁焚烧各类废弃物。

2. 防止水土污染和水土保持

土石方开挖应按设计施工，减少除需要开挖地面以外的破坏，合理选择弃土的堆放点。

3. 防止噪声污染

（1）车辆进入施工现场、材料站时不鸣笛，装卸材料时轻拿轻放。

（2）控制施工现场场界噪声不超过标准：夜间施工不大于55dB，白天施工不大于70dB。

（3）采取隔音与隔振措施，避免或减少施工噪音和振动。

（4）在中考、高考等噪声管制期间，服从相关部门的要求，严格进行噪声限制。

5.4.7 应急管理措施

1. 通信与信息保障

明确与应急工作相关联的部门或人员通信联系方式和方法，并提供备用方案。建立信息通信系统及维护方案，确保应急期间信息通畅。

一旦发生事故，施工现场应急救援小组在进行现场抢救、抢险的同时，要以最快的速度通过电话进行报警，如有人员伤亡的，应拨打"120"急救电话和公司报警电话；如果发生火灾，应拨打"119"火警电话。

2. 应急人员保障

明确各类应急响应的人力资源，包括专业应急队伍、兼职应急队伍的组织与保障方案。

3. 应急装备物资保障

按照项目部准备的应急物资，消防器材及卫生器具、通信装备等，管理责任人应经常检查设施是否完好有效，配备的数量是否合理。安全事故应急常用物资和设备有：

抢险工具：消防器材、电工常用工具等。

应急器材：根据实际需要配备安全帽、安全带、应急灯、对讲机、灭火器等。

车辆设备：机动车 1～2 辆。

应急药品：双氧水、酒精、碘酊、消毒棉、纱布、创可贴、绷带、阿司匹林、去痛片、消炎痛、布洛芬等。

5.5　SDH 网络建设典型施工场景

SDH 光路扩容、设备更换以及拓扑改造是 SDH 网络建设的三类典型施工场景。在此过程中，会涉及大量的业务路由调整和割接工作，从而造成电网生产管理业务中断，因此，各电网公司在网络改造过程中对业务中断的容忍度越来越低。如何高效安全地进行 SDH 设备业务割接，降低网络建设工作对电网业务造成的影响，确保电网安全稳定运行，是 SDH 网络建设中的重点和难点。本书将通过典型实例来介绍 SDH 光路扩容、SDH 设备更换以及拓扑改造的具体实施方法。

5.5.1　SDH 光路扩容

5.5.1.1　现状

某光环网由普提 1、普提 3、月城 1、越西 4 台 SDH 光传输设备组成，网络拓扑现状如图 5-20 所示。其中，"普提 1—普提 3"为 2.5G 光路（即速率为 2.5Gbit/s），普提 1 侧端口号为 7U-1#（其中，"U"代表槽位，"#"代表端口，7U-1# 表示 7 槽 1 端口，下同），普提 3 侧端口号为 12U-1#；"普提 3—越西"为 2.5G 光路（即速率为 2.5Gbit/s），普提 3 侧端口号为 4U-1#，越西侧端口号为 16U-1#；"普提 1—月城 1"为 10G 光路（即速率为 10Gbit/s），普提 1 侧端口号为 16U-1#，月城侧端口号为 7U-1#；"月城 1—越西"为 10G 光路（即速率为 10Gbit/s），月城 1 侧端口号为 10U-1#，越西侧端口号为 3U-1#，该条 10G 光路在西昌、冕山两站跳纤后形成，承载了继电保护、安控、调度数据网等电网重要生产管理业务，故障频发。

鉴于图 5-20 中普提 1-普提 3-越西为 2.5G 光路段，在月城 1-越西 10G 光路中断情况下，因带宽限制无法将所有业务割接至 2.5G 光路上，为此需将普提 1-普提 3-越西 2.5G 光路段提升至 10G。

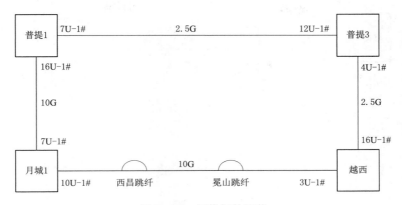

图 5－20　网络拓扑现状

5.5.1.2　改造方案

光路升级材料表见表 5－8。

表 5－8　　　　　　　　　　　　光 路 升 级 材 料 表

板　卡	普提1	普提3	越西	合计
10G 光板/块	1	2	1	4
光放大器/块		1	1	2
尾纤/根	2	4	2	8

由于普提 3—越西光路段距离较长，因此需在站端分别配置 1 台光放大器。

步骤 1：由于越西站设备槽位已满，而 17 槽以太网板无业务运行，因此拔出 17 槽的以太网板，将 10G 光板安装在 17 槽，在普提 3 将新增两块 10G 光板，分别插在 7 槽和 10 槽，普提 1 新增光板则插在 6 槽，普提 1-普提 3-越西-月城 1 光环网拓扑图如图 5－21 所示。

步骤 2："普提 1-普提 3-越西"10G 光路形成后，网管操作人员将"普提 1-普提 3-越西"2.5G 光路上承载的部分重要业务割接至"普提 1-普提 3-越西"10G 光路上。

步骤 3："普提 1-普提 3-越西-月城 1-普提 1"10G 环网形成后，将"普提 1-月城1-越西"10G 光路上承载的重要业务逐步割接至新形成的"普提 1-普提 3-越西"10G 光路上。

5.5.2　SDH 设备更换

5.5.2.1　工程概述

某省级通信网 220kV 越西站第一套 SDH 光传输设备（简称"越西 1"）为中兴 S390 型设备，于 2009 年投运。设备处于省网川西南环网核心节点，承载多条总部、分部以及省公司的重要生产管理业务。目前设备运行时间已超过 10 年，故障隐患大。同时，由于中兴 S390 型设备已经停产，若设备发生故障，将无法通过更换板件的方式进行处理，从

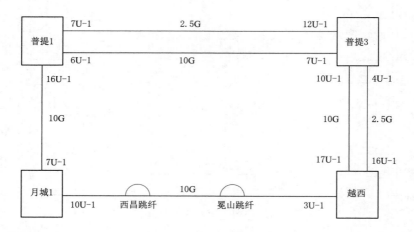

图 5-21　普提 1-普提 3-越西-月城 1 光环网拓扑图

而导致多条总分部及省公司业务中断，安全运行风险极大。为确保电网安全稳定运行，本次工作将在越西站新增 1 台中兴 S385 设备，替换目前在运的 S390 设备。

5.5.2.2　工程量

（1）验证新增设备所需功耗增加满足站点及设备的安全运行要求。

（2）越西片区拓扑优化及越西 S385 双光路接入省网中兴环网。

（3）越西 1 落地业务割接至越西 S385。

（4）越西 1 重要过境业务迁回。

（5）越西 1S390 光路割接至越西 S385。

（6）越西 S385 落地业务和迁回业务恢复永久运行方式，越西 1S390 设备退运。

5.5.2.3　实施方案

越西片区光环图网络现状如图 5-22 所示。其中，155M、622M、2.5G、10G 分别表示光路速率分别为 155Mbit/s、622Mbit/s、2.5Gbit/s 和 10Gbit/s（下同）；"中兴 S385" "中兴 S390" 和 "中兴 S330" 表示设备型号（下同）；"省网" 表示设备属于省级通信网设备（下同）。

步骤 1：验证新增设备所增加功耗是否满足站点及设备安全运行要求。

步骤 2：越西片区拓扑优化及越西 S385 双光路接入省网中兴环网。

（1）在越西 2 13U 增加一块 OL4 板卡，在 14U 增加一块 OL1 光板。

（2）拆除尔足（11U-1#）-越西 1（8U-2#）622M 光路，新建尔足（11U-1#）-越西 2（13U-1#）622M 光路（尔足端口利旧），同时将越西 1 落地的越尔二线 1 号差动保护业务割接至越西 2：光路拆除期间相关业务由 1＋1（即主用路由和备用路由同时运行）转 1＋0（即仅有一条路由运行）运行，越尔二线 1 号差动保护退出，新建光路后业务恢复双通道运行，越尔二线 1 号差动保护方式改为【尔足】-【越西 2】。

（3）拆除茶园（5U-1#）-越西 1（15U-2#）155M 光路，新建茶园（5U-1#）-越西 1（14U-1#）155M 光路（茶园端口利旧）：光路拆除期间相关业务由 1＋1 转 1＋0

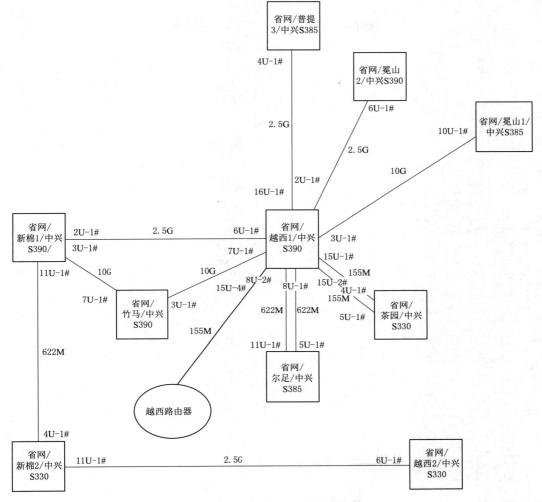

图 5-22 越西片区光环网现状图

运行，新建越西 2-尔足、越西 2-茶园光路网络图如图 5-23 所示。

（4）在竹马的 16U 新增一块 OL16 光板，新建竹马（16U-1♯）-越西 S385（16U-1♯）2.5G 光路。

（5）在冕山 1 的 15U 新增一块 OL16 光板，新建冕山 1（15U-1♯）-越西 S385（15U-1♯）2.5G 光路。越西 S385 双光路接入省网中兴环网如图 5-24 所示。

（6）将越西 1 上的时隙（除 2M 落地业务时隙外）对应复制到越西 S385 上，备份数据库。

步骤 3：越西 12M 落地业务割接至 S385。

将越西 12M 落地业务割接至越西 S385（业务主备路由应分别通过冕山 1-越西 S385 和竹马-越西 S385 临时光路），备份数据库。

步骤 4：越西 1 重要过境业务迁回。

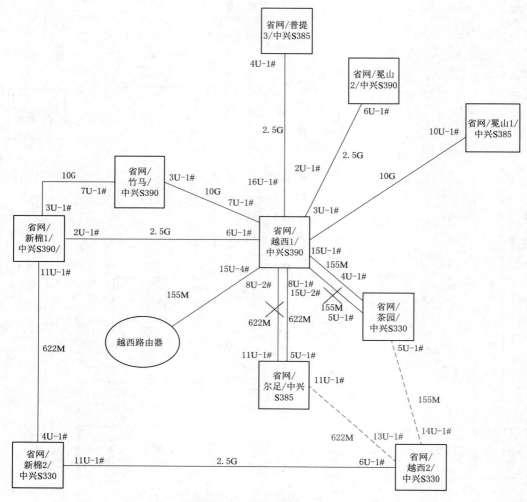

图 5 - 23　新建越西 2 - 尔足、越西 2 - 茶园光路网络图

越西 1 重要过境业务迁回：调整越西 1 上部分重要业务路由，使其不经过该设备，保证所有重要业务在光路割接过程中满足"三双"（即"双路由、双设备、双电源"）原则。

步骤 5：越西 1 S390 光路割接至越西 S385。

将越西 1 S390 上所有光路割接至越西 S385，注意在搬移前确保各条新接光路性能正常。具体步骤如下（按照步骤依次进行，且在下一步开展之前需确保上一步骤后光路运行正常）：

（1）拆除越西 1 - 竹马 10G 光路，建立越西 S385 - 竹马 10G 光路。

（2）拆除越西 1 - 新棉 12.5G 光路，建立越西 S385 - 新棉 12.5G 光路。

（3）拆除越西 1 - 普提 32.5G 光路，建立越西 S385 - 普提 32.5G 光路，然后将越西 1C - POS 调度数据网业务割接至 S385（即拆除"越西 1 - 越西路由器"光路，新建"越西 S385 - 越西路由器"光路），观察业务运行是否正常。

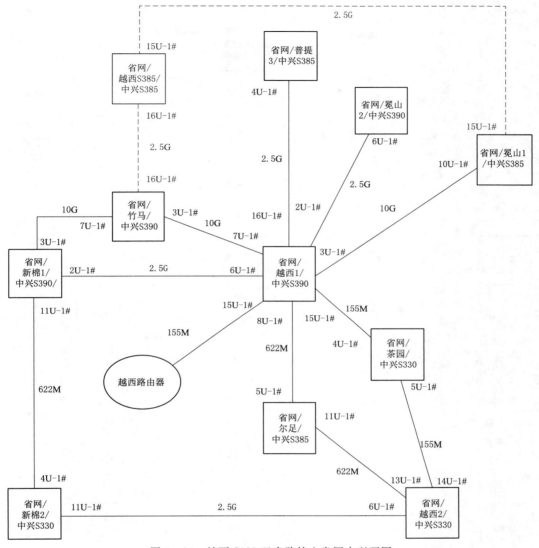

图 5-24　越西 S385 双光路接入省网中兴环网

（4）拆除越西 1-冕山 2 2.5G 光路，建立越西 S385-冕山 2 2.5G 光路。

（5）拆除越西 1-冕山 1 10G 光路，建立越西 S385-冕山 1 10G 光路。

（6）拆除越西 1-尔足 622M 光路，建立越西 S385-尔足 622M 光路。

（7）拆除越西 1-茶园 155M 光路，建立越西 S385-茶园 155M 光路。

越西 1 S390 光路割接至越西 S385 如图 5-25 所示。

步骤 6：越西 S385 业务恢复永久运行方式。

（1）将检修票 3 调整为临时运行方式的过境重要业务恢复至永久运行方式。

（2）将检修票 2 调整为临时运行方式的落地业务恢复至永久运行方式。

（3）拆除竹马（16U-1#）-越西 S385（16U-1#）2.5G 临时光路。

（4）拆除冕山 1（15U-1#）-越西 S385（15U-1#）2.5G 临时光路。

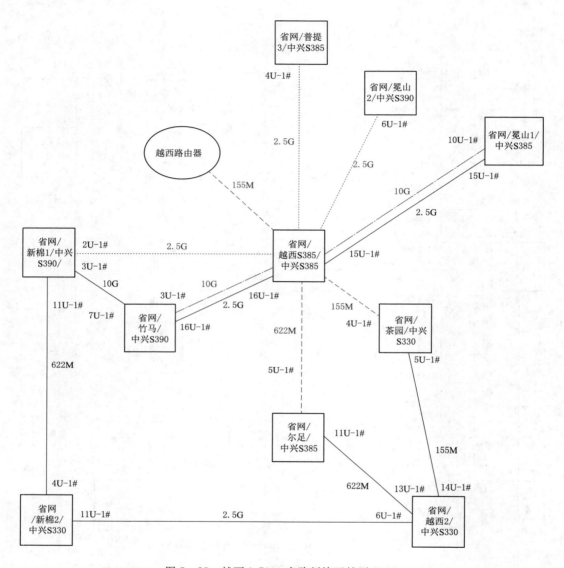

图 5-25　越西 1 S390 光路割接至越西 S385

（5）退运越西 1S390，将越西 S385 更名为越西 1。

设备更换后最终拓扑结构如图 5-26 所示。

5.5.3　SDH 拓扑改造

5.5.3.1　现状描述

省网会东 500kV 变电站 220kV 配套工程将在 220kV 会东变新增一套中兴 S385 设备，现会东变通信机房无空余屏位，且原省网会东 1 S360 设备的配置交叉能力已无法满足该地区日益增长的业务需求，拟将原省会东 1 S360 设备拆除并更换为 S385 设备，同时优化

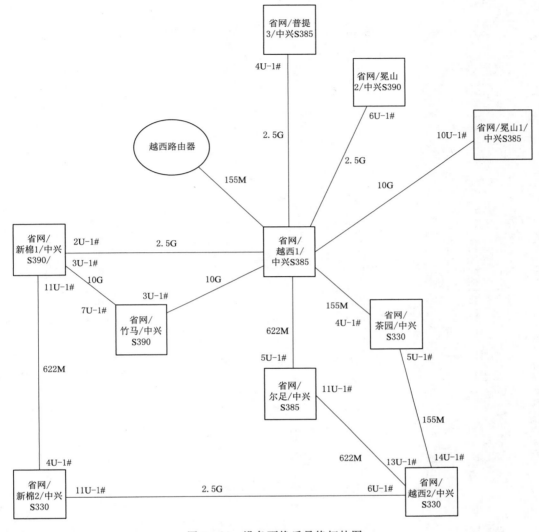

图 5-26 设备更换后最终拓扑图

该片区拓扑结构。会东片区光环网现状拓扑如图 5-27 所示（其中，中兴 S360、S330 为设备型号）。

5.5.3.2 片区拓扑优化实施方案

针对该片区存在的隐患与瓶颈，现将会东 1S360 设备更换为性能更佳、稳定性更好的 S385 设备，同时优化调整该地区组网光路，增加光传输网络的安全性与稳定性。

步骤 1：将会东 1-公德房 2 条 155M 光路改接至杜家湾-公德房 155M1＋1 光路，如图 5-28 所示。图中浅色字体为本次新增工作，数字表示工作步骤。

（1）网管操作人员确定"会东 1（33U-1♯）-公德房（15U-1♯）"155M 光路无业务；

（2）将两张 155M 光板安装至杜家湾 S330 设备，中断"会东 1（33U-1♯）-公德

137

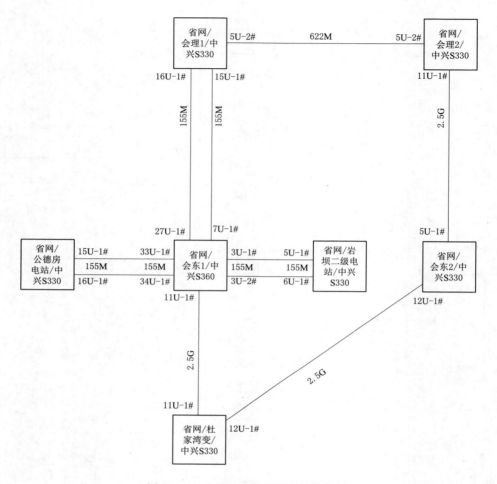

图 5-27　会东片区光环网现状拓扑图

房（15U-1#）"并新建"杜家湾（3U-1#）-公德房（15U-1#）"155M 第一条光路。由于公德房光板利旧，光缆距离缩短，需注意拆除光放大器增加光衰。

（3）建立好"杜家湾-公德房"155M 光路以后，网管操作人员负责将"会东 1（34U-1#）-公德房（16U-1#）"155M 光路上的过境业务割接在"杜家湾-公德房"新建光路上。

（4）拆除"会东 1（34U-1#）-公德房（16U-1#）"155M 光路，新建"杜家湾（14U-1#）-公德房（16U-1#）"155M 光路，同样注意拆除光放大器、增加光衰，并将所有公德房出局业务全部恢复永久运行方式。

步骤 2：网管操作人员将"会理 1-会东 1"上承载的差动保护复用 2M 业务割接至"会东 2-会理 2"光路上。

步骤 3：网管操作人员将"杜家湾-会东 1"上承载的差动保护复用 2M 业务割接至"会东 2-杜家湾"光路上。

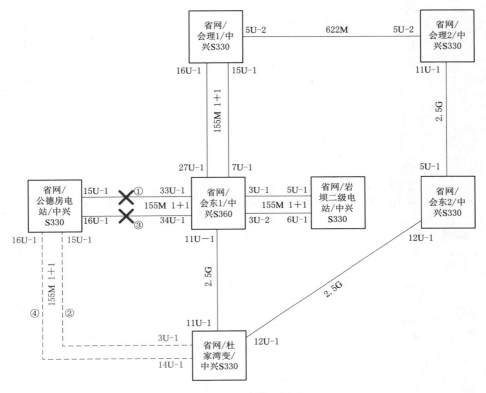

图 5－28　步骤 1 图示

步骤 4：网管操作人员将会东 1 S360 设备上落地及穿通业务依次调整至会东 2S330 设备上。

步骤 5：新建"岩坝二级–会东 2"155M 光路，如图 5－29 所示。图中浅色字体为本次新增工作，数字表示工作步骤。

（1）调整"会东 1（27U－1♯）–会理 1（16U－1♯）"155M 光路业务至"会东 1（7U－1♯）–会理 1（15U－1♯）"155M 光路上，并对该光路进行断纤试验 10 分钟，再拆除"会东 1（27U－1♯）–会理 1（16U－1♯）"155M 光路。

（2）将会理 1 空出的 155M 光板搬迁至会东 2，岩坝二级光板利旧。

（3）网管操作人员确认"会东 1（3U－1♯）–岩坝二级（5U－1♯）"155M 光路无业务后，拆除该光路。

（4）新建"岩坝二级（5U－1♯）–会东 2（1U－1♯）"155M 光路，并对岩坝二级的落地业务重新安排路由。

步骤 6：将会东 1S385 设备接入省网，如图 5－30 所示。图中浅色字体为本次新增工作，数字表示工作步骤。

（1）在会理 1 新插入一块 2.5G 光板，新建"会东 1–会理 1"2.5G 光路。

（2）现场完成会东 1S385 的开局配置工作，测试会东 S385 设备能否正常并入环网，然后断电。

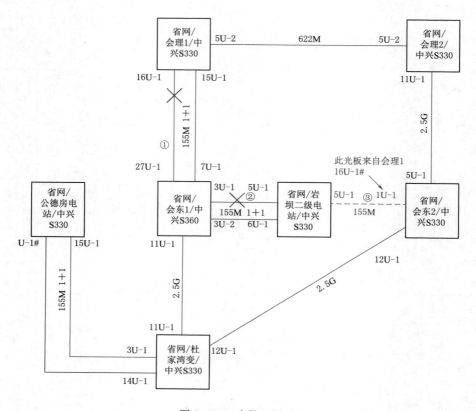

图 5-29　步骤 5 图示

（3）对"会东 1（11U-1#）-杜家湾（11U-1#）光路""会东 1（7U-1#）-会理 1（15U-1#）"155M 光路和"会东 1（3U-2#）-岩坝二级（6U-1#）"上穿通业务进行路由迂回。

（4）拆除"会东 1（11U-1#）-杜家湾（11U-1#）"光路、"会东 1（7U-1#）-会理 1（15U-1#）"155M 光路和"会东 1（3U-2#）-岩坝二级（6U-1#）"3 条光路（注：会理 1 光路腾退后立即将该 155M 光板送往会东，用于接会东 2-岩坝二级第二条光路）。

（5）将 S360 设备断电，退出环网移除屏柜，再将会东 1 S385 放入原 S360 设备位置。

（6）新建"会东 1-杜家湾"2.5G 光路和"会东 1-会理 1"2.5G 光路。

（7）割接原 S360 设备上的余留 2M 业务，并将 S385 上临时运行业务恢复永久运行方式。

步骤 7：新建 1 条"岩坝二级-会东 2"155M 光路改造工作完成后的拓扑如图 5-30 所示。

（1）新建"岩坝二级（6U-1#）-会东 2（16U-1#）"光路，并将岩坝二级业务全部恢复永久运行方式。

（2）全部工作结束后，改造工作完成后的拓扑图如图 5-31 所示。

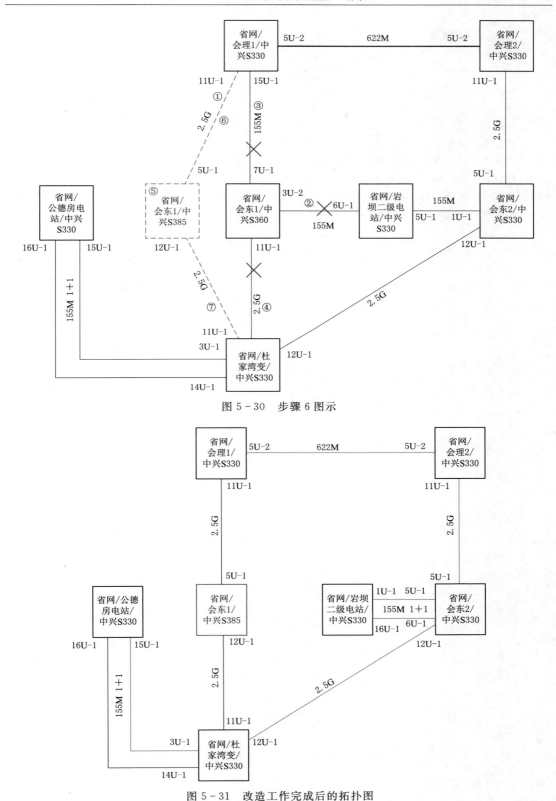

图 5 - 30　步骤 6 图示

图 5 - 31　改造工作完成后的拓扑图

参 考 文 献

［1］ 孙学康，毛京丽. SDH 技术（第 3 版）［M］. 北京：人民邮电出版社，2015.

［2］ 肖萍萍，吴健学. SDH 原理与应用［M］. 北京：人民邮电出版社，2008.

［3］ 尤国华，师雪霖，赵英. 网络规划与设计（第 2 版）［M］. 北京：清华大学出版社，2016.

［4］ 周鑫，何川. SH/MSTP 组网与维护（第 3 版）［M］. 北京：科学出版社，2019.

［5］ 湖北省电力公司信息通信分公司. 电力信息通信实用技术　电力通信部分［M］. 北京：中国电力出版社，2013.